企业级卓越人才培养解决方案"十三五"规划教材

网页设计项目实战

天津滨海迅腾科技集团有限公司　主编

南开大学出版社

天　津

图书在版编目（CIP）数据

网页设计项目实战 / 天津滨海迅腾科技集团有限公司主编 . — 天津：南开大学出版社，2018.7（2021.2重印）

ISBN 978-7-310-05617-0

Ⅰ.①网… Ⅱ.①天… Ⅲ.①网页制作工具 Ⅳ.①TP393.092.2

中国版本图书馆 CIP 数据核字 (2018) 第 131997 号

主　编　樊　凡　石朝晖
副主编　宋　凯　赵学凯　田　飞
　　　　齐乃庆　畅玉洁　詹丽红

网页设计项目实战
WANGYE SHEJI XIANGMU SHIZHAN

南开大学出版社出版发行
出版人：陈　敬
地址：天津市南开区卫津路 94 号　　邮政编码：300071
营销部电话：(022)23508339　营销部传真：(022)23508542
http://www.nkup.com.cn

三河市同力彩印有限公司印刷　全国各地新华书店经销
2018 年 7 月第 1 版　2021 年 2 月第 3 次印刷
260×185 毫米　16 开本　11.25 印张　280 千字
定价：59.00 元

如遇图书印装质量问题，请与本社营销部联系调换，电话：(022)23508339

企业级卓越人才培养解决方案"十三五"规划教材
编写委员会

陈章侠　德州职业技术学院

郑开阳　枣庄职业学院

张洪忠　临沂职业学院

常中华　青岛职业技术学院

刘月红　晋中职业技术学院

赵　娟　山西旅游职业学院

陈　炯　山西职业技术学院

陈怀玉　山西经贸职业学院

范文涵　山西财贸职业技术学院

郭长庚　许昌职业技术学院

许国强　湖南有色金属职业技术学院

孙　刚　南京信息职业技术学院

张雅珍　陕西工商职业学院

王国强　甘肃交通职业技术学院

周仲文　四川广播电视大学

杨志超　四川华新现代职业学院

董新民　安徽国际商务职业学院

谭维奇　安庆职业技术学院

张　燕　南开大学出版社

企业级卓越人才培养解决方案简介

　　企业级卓越人才培养解决方案(以下简称"解决方案")是面向我国职业教育量身定制的应用型、技术技能型人才培养解决方案,以教育部-滨海迅腾科技集团产学合作协同育人项目为依托,依靠集团研发实力,联合国内职业教育领域相关政策研究机构、行业、企业、职业院校共同研究与实践的科研成果。本解决方案坚持"创新校企融合协同育人,推进校企合作模式改革"的宗旨,消化吸收德国"双元制"应用型人才培养模式,深入践行"基于工作过程"的技术技能型人才培养,设立工程实践创新培养的企业化培养解决方案。在服务国家战略,京津冀教育协同发展、中国制造2025(工业信息化)等领域培养不同层次的技术技能人才,为推进我国实现教育现代化发挥积极作用。

　　该解决方案由"初、中、高级工程师"三个阶段构成,包含技术技能人才培养方案、专业教程、课程标准、数字资源包(标准课程包、企业项目包)、考评体系、认证体系、教学管理体系、就业管理体系等于一体。采用校企融合、产学融合、师资融合的模式在高校内共建大数据学院、虚拟现实技术学院、电子商务学院、艺术设计学院、互联网学院、软件学院、智慧物流学院、智能制造学院、工程师培养基地的方式,开展"卓越工程师培养计划",开设系列"卓越工程师班","将企业人才需求标准、工作流程、研发项目、考评体系、一线工程师、准职业人才培养体系、企业管理体系引进课堂",充分发挥校企双方特长,推动校企、校际合作,促进区域优质资源共建共享,实现卓越人才培养目标,达到企业人才培养及招录的标准。本解决方案已在全国近几十所高校开始实施,目前已形成企业、高校、学生三方共赢格局。未来三年将在100所以上高校实施,实现每年培养学生规模达到五万人以上。

　　天津滨海迅腾科技集团有限公司创建于2008年,是以IT产业为主导的高科技企业集团。集团业务范围已覆盖信息化集成、软件研发、职业教育、电子商务、互联网服务、生物科技、健康产业、日化产业等。集团以产业为背景,与高校共同开展产教融合、校企合作,培养了一批批互联网行业应用型技术人才,并吸纳大批毕业生加入集团,打造了以博士、硕士、企业一线工程师为主导的科研团队。集团先后荣获:天津市"五一"劳动奖状先进集体,天津市政府授予"AAA"级劳动关系和谐企业,天津市"文明单位",天津市"工人先锋号",天津市"青年文明号","功勋企业"、"科技小巨人企业"、"高科技型领军企业"等近百项荣誉。

前　　言

在视觉产业快速发展的今天,越来越多的人开始使用图像处理软件进行网页设计、APP 界面设计、图像处理、影像合成和数码照片后期处理等。Adobe Photoshop 是一款功能强大、应用广泛的专业级图像处理软件。而如今,它拥有大量的用户,除了专业级设计人员外,摄影室和影楼工作人员都普遍使用该软件进行图像修饰。

本书基于新媒体框架之下,以网络媒体的发展、行业需求为出发点,讲授网站美工应当具备的技能与知识点,结合各种类型网站的界面设计项目实战,为学者今后的就业打下坚实的理论与实践基础。本书主要以技能点为单位进行理论知识的讲解,以项目实战进行实操练习,将理论与实践完美结合。

本书由六个项目组成,分别为"门户网站首页""企业类网站首页设计""游戏类网站首页设计""校园类网站首页设计""个人网站首页设计""iOS 系统 APP 界面设计"。内容包括门户网站的概念、功能、分类;企业类网站的概念、分类、界面构成要素;游戏类网站的分类,网页色彩搭配原则;校园类网站的概念、功能、设计原则;个人网站的概念、设计流程、设计原则到iOS 系统的设计原则、尺寸规范的介绍。详尽地叙述了从事网站页面设计所需要具备的职业技能及理论知识。

本书的每个项目都设有学习目标、学习路径、任务描述、任务技能、任务实施、任务总结和任务习题,可以将所学的理论知识充分的应用到实战当中。本书的六个项目基本涵盖互联网网站的各个类型,实用性较强。

本书由樊凡、石朝晖任主编,宋凯、赵学凯、田飞、齐乃庆、畅玉洁、詹丽红任副主编,石朝晖、宋凯负责统稿,宋凯、田飞、齐乃庆、畅玉洁负责全面内容的规划,畅玉洁、詹丽红负责整体内容编排。具体分工如下:项目一和项目二由石朝晖、宋凯编写,宋凯负责全面规划;项目三和项目四由赵学凯、田飞、齐乃庆编写,田飞、齐乃庆负责全面规划;项目五和项目六由畅玉洁、詹丽红编写,畅玉洁负责规划。

全书理论内容简明扼要、通俗易懂、即学即用;实例操作讲解细致,步骤清晰。在本书中,操作步骤后有相对应的效果图,便于读者直观、清晰地看到操作效果,牢记书中的操作步骤。通过对本书的学习,读者能熟练设计各种网站界面,成为职场中的佼佼者。

天津滨海迅腾科技集团有限公司

技术研发部

目录

项目一　门户网站首页设计

随着科技的不断进步,互联网行业在这个时代得到了快速发展的机遇,门户网站以一种综合性的姿态出现在大众的面前,它的功能性、全面性大大解决了人们日常生活中的各种琐事:吃喝玩乐、收集信息、了解一个城市等。网站的出现,改变了我们的生活方式,也给我们的生活带来了极大的便利。未来各具特色的门户网站将会层出不穷。通过游戏门户网站的首页设计,学习门户网站相关知识,在任务实现过程中:

- 了解门户网站的概念。
- 理解门户网站的功能。
- 理解门户网站的分类。
- 理解门户网站的设计原则。
- 通过实践掌握门户网站的设计表现方法。

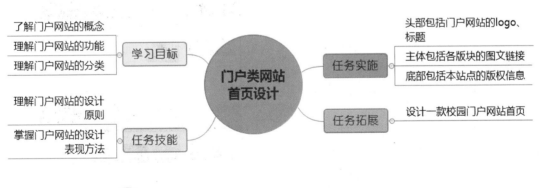

【情境导入】

在互联网快速发展的今天,全世界的网络都进入了一个快速发展的轨道,各种网站层出不穷,门户网站作为一种综合信息服务的网站应运而生。我国的门户网站经过这些年的发展,逐渐步入正轨,进入高速发展时期。本次任务主要是实现游戏门户网站的首页设计。

【功能描述】

● 使用门户网站版式的常用结构类型来设计网站界面。
● 头部包括门户网站的 logo、标题。
● 主体包括各版块的图文链接。
● 底部包括本站点的版权信息。

【基本框架】

门户网站首页界面布局一般采用骨骼型版式,这种网页版式是一种规范的、理性的分割方法,类似于报刊的版式。首页为导航型页面,结构清晰,常见的骨骼有竖向通栏、双栏、三栏、四栏和横向的通栏、双栏、三栏和四栏等。一般以竖向分栏为多。这种版式能够适应门户网站内容多,实时性强,更新速度快的特点,给人以和谐、理性的美。几种分栏方式结合使用,既理性、条理,又活泼而富有弹性,风格疏朗大气、简洁流畅。本案例基本框架如图 1.3.1 所示。通过本次任务的学习,能将框架图 1.3.1 转换成效果图 1.3.2 所示。

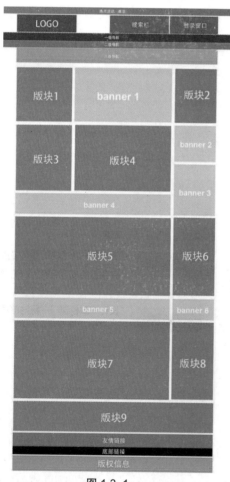

图 1.3.1

图 1.3.2

技能点 1　门户网站的概念

1　基本简介

（1）广义注解

门户，原指正门、入口的意思，门户网站就是一个 Web 应用框架，它将各种应用系统、数据资源和互联网资源集成到一个信息管理平台之上，并以统一的用户界面提供给用户，并建立企业对客户、企业对内部员工和企业对企业的信息通道，使企业能够释放存储在企业内部和外部的各种信息。

（2）狭义注解

所谓门户网站，是指提供某类综合性互联网信息资源并提供有关信息服务的应用系统。门户网站最初提供搜索引擎、目录服务。由于市场竞争日益激烈，门户网站不得不快速地拓展各种新的业务类型，希望通过门类众多的业务来吸引和留住互联网用户，以至于目前门户网站的业务包罗万象，成为网络世界的"百货商场"或"网络超市"。从现在的情况来看，门户网站主要提供新闻、搜索引擎、网络接入、聊天室、电子公告牌、免费邮箱、影音资讯、电子商务、网络社区、网络游戏、免费网页空间等。在我国，典型的门户网站有新浪网、网易、搜狐网等。

2　详细解释

（1）广义注解

门户网站是一个 Web 应用框架，它将各种应用系统、数据资源和互联网资源集成到一个信息管理平台之上，并以统一的用户界面提供给用户，并建立企业对客户、企业对内部员工和企业对企业的信息通道，使企业能够释放存储在企业内部和外部的各种信息。

（2）狭义注解

所谓门户网站，是指提供某类综合性互联网信息资源并提供有关信息服务的应用系统。门户网站最初提供搜索引擎、目录服务。由于市场竞争日益激烈，门户网站不得不快速地拓展各种新的业务类型，希望通过门类众多的业务来吸引和留住互联网用户，以至于目前门户网站的业务包罗万象，成为网络世界的"百货商场"或"网络超市"。从现在的情况来看，门户网站主要提供新闻、搜索引擎、网络接入、聊天室、电子公告牌、免费邮箱、影音资讯、电子商务、网络社区、网络游戏、免费网页空间等。在我国，典型的门户网站有新浪网、网易、搜狐网等。

技能点 2　门户网站的功能

　　网站不是为了赶一时的潮流,而是要通过互联网这个全球性的网络来宣传企业、开拓市场,同时,降低企业的管理成本、交易成本和售后服务成本,并通过开展一系列的电子商务活动获得更多的利润,这些均与企业的经营目的是一致的。所以,只有把信息技术同企业的管理体系、生产流程和商务活动紧密结合起来,才能正确地建设和维护网站,并使网站发挥作用,为企业服务。在全球范围中,最为著名的门户网站有谷歌、雅虎,而在中国,最著名的四大门户网站是:新浪、网易、搜狐、腾讯,其他还有百度、新华网、人民网、凤凰网等也较为著名,其中百度已经成为中国第一搜索网站。

技能点 3　门户网站的分类

1　搜索引擎类门户网站

　　搜索引擎主要是从互联网上搜集信息,为用户提供强大的信息搜索功能和其他的网络服务。所以搜索引擎类门户网站主要做的是提供搜索服务,不过现在的这类门户网站也做得比较全面了,但是搜索引擎类门户网站国外较多,国内较少,比如我们常用的百度、有道。

2　综合性门户网站

　　综合性门户网站主要提供新闻信息、娱乐资讯,网站以新闻、供求、产品、展会、行业导航、招聘为主的集成式网站,称作行业综合门户网站,比如,网易,凤凰网,新浪网。

3　地方生活门户网站

　　地方生活门户网站主要包括地方资讯、个人草根网站、上网导航、生活社区、团购、求职等能为本地网民提供便捷服务的一类门户网站。这类门户网站提供地方性的网络服务,贴近本地生活,比如北方网、天津网等。

4　校园综合性门户网站

　　校园综合性门户网站主要是贴近学生,以学生为主要服务对象,是近些年才开始快速发展起来的一类门户网站,包括校园最新资讯、校园团购、校园娱乐服务等,比如嗨易网、大学生生活网。

技能点 4　门户网站的设计原则

1 logo

网站标题和 logo 的设计要具有一定的视觉效果,但幅面一般较小,而往往以头条新闻图片占据屏幕首要位置。

2 导航

导航要清晰,以文字导航为主。以用户易用、易读、易查为原则。

3 内容

多利用留白划分内容框架,适当使用框图划分内容。注意图文混排的样式。文字大小、疏密排列应依据层级关系而产生变化。

4 色彩搭配

门户网站多以红、黄、蓝、绿或门户主色调为主,突出稳重、简洁的风格。腾讯、雅虎、网易等门户采用清爽简洁的浅色调来降低信息快速获取时的视觉干扰。同性质的同类网站主要是沿用自己门户主色系或 logo 来做定位,便于用户对品牌的识别。

通过下面的操作,实现图 1.3.2 所示的门户网站首页的效果。

(1)打开 Photoshop 软件,单击【文件】→【新建】命令或按 Ctrl+N 快捷键,新建一个名为"游戏门户网站首页"的 RGB 模式,"宽度"和"高度"分别为 1300 像素和 2150 像素,"分辨率"为 72 像素 / 英寸、"背景内容"为"白色"的文件。如图 1.5.1 所示。

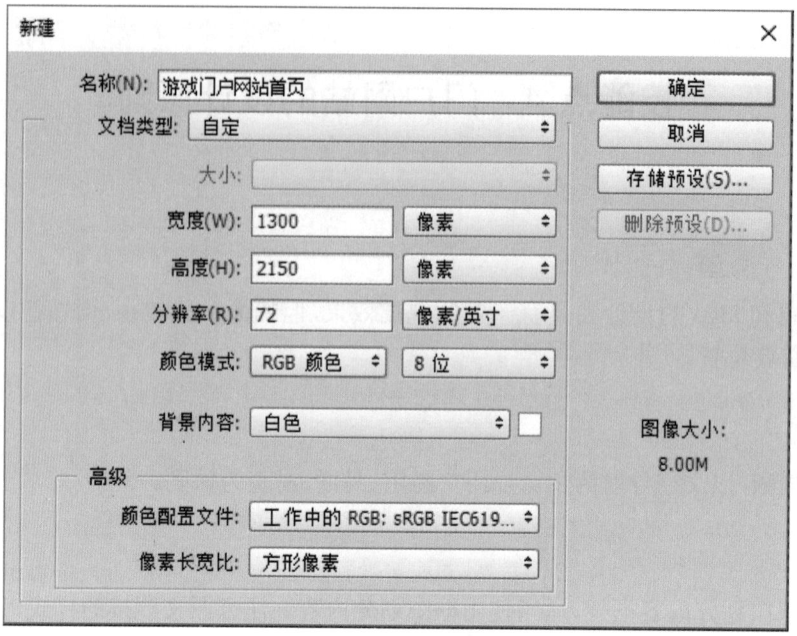

图 1.5.1

（2）新建一个文件夹组，命名为"顶部"。在组内用【矩形工具】▇创建宽度 1300 像素，高度 32 像素的矩形置于画面最上方，并且将图层命名为"矩形 1"，如图 1.5.2 所示。

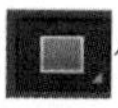

图 1.5.2

（3）选择新建的矩形图层，双击打开【图层样式】面板，执行【渐变叠加】命令，角度 90 度，渐变色标从左到右依次为：#131313、#393939，如图 1.5.3 所示。

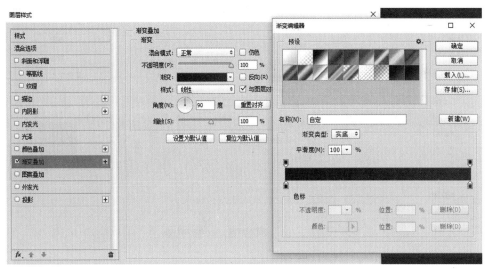

图 1.5.3

（4）继续在组内创建以下文本内容，将文本图层置于矩形图层上方，如图 1.5.4 所示。

图 1.5.4

（5）打开"矢量图形"素材文件，并将图标素材分别置于相对应的文字前，如图 1.5.5 所示。

图 1.5.5

（6）在"矩形 1"下方用【矩形工具】 ，创建宽度 1330 像素，高度 98 像素的矩形，命名图层为"矩形 2"，双击图层打开【图层样式】面板，执行【描边】命令，设置描边大小为 1 像素，填充颜色为 #dbdbdb，如图 1.5.6 所示。

（7）继续在【图层样式】面板中添加【渐变叠加】命令，角度 90 度，渐变色标从左到右依次为：#dfdfdf、#ffffff，如图 1.5.7 所示。

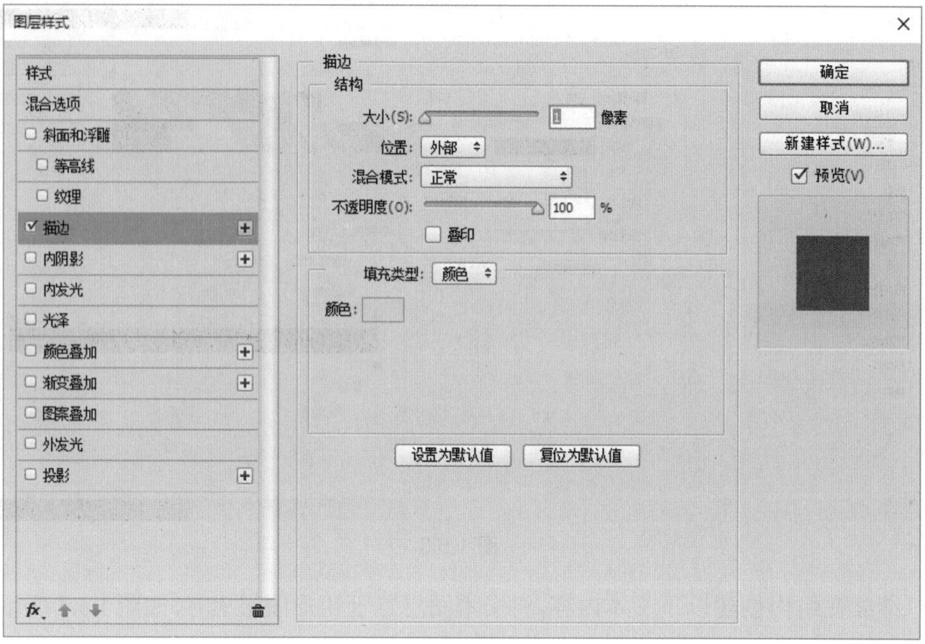

图 1.5.6

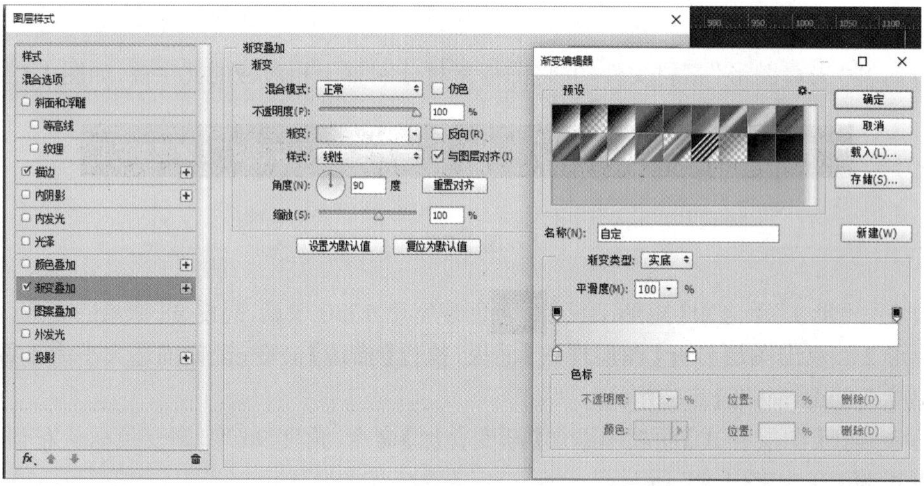

图 1.5.7

（8）执行快捷键 Ctrl+R，打开【标尺】，在画面两边各拉出一条距离左右边缘 170 像素的参考线，并将"LOGO"素材置入到合适的位置，如图 1.5.8 所示。

图 1.5.8

（9）用【圆角矩形工具】  创建宽度 258 像素,高度 22 像素,圆角半径 3 像素的圆角矩形作为主搜索框,如图 1.5.9。

图 1.5.9

（10）为新建的圆角矩形创建【图层样式】,执行【斜面浮雕】命令,样式:内斜面;方法:平滑;深度:42%;方向:上;大小及软化:0 像素;阴影角度 120、高度 30;高光模式:滤色,填充不透明度为 46% 的白色;阴影模式:正片叠底,填充不透明度为 38% 的黑色。执行【描边】命令,设置描边大小为 1 像素;位置:外部;填充颜色为 #e6e6e6。执行【内阴影】命令,混合模式:正片叠底;不透明度为 75%;角度:120;距离:1 像素;大小:1 像素。最后执行【颜色叠加】命令,填充颜色为 #ffffff。如图 1.5.10。

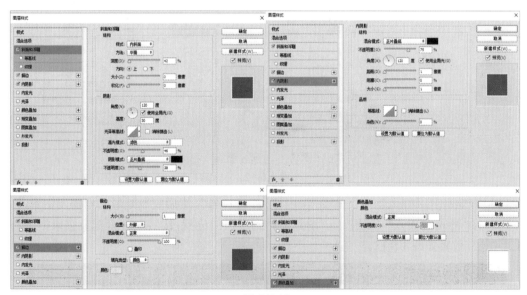

图 1.5.10

（11）在主搜索框里添加文字及图标,效果如图 1.5.11。

图 1.5.11

（12）用【直线工具】 在主搜索栏旁边创建宽度 2 像素,高度 120 像素,填充色为 #d2d2d2 的分割线。接着在分割线右侧用【矩形工具】 创建宽度 72 像素、高度 20 像素,填充色为白色的矩形登陆框,为新建的矩形创建【图层样式】,执行【斜面浮雕】命令,样式:内斜面;方法:平滑;深度:42%;方向:上;大小及软化:0 像素;阴影角度 120、高度 30;高光模式:滤色,填充不透明度为 46% 的白色;阴影模式:正片叠底,填充不透明度为 38% 的黑色。执行【内阴影】命令,混合模式:正片叠底;不透明度为 75%;角度:120;距离:1 像素;大小:1 像素。效果如图 1.5.12。

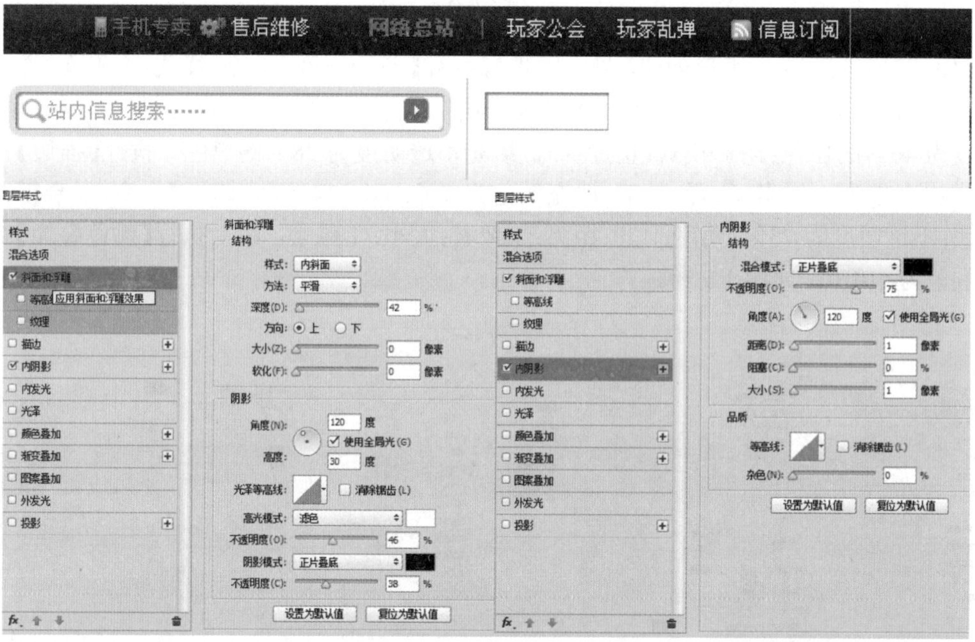

图 1.5.12

（13）在矩形登录框上创建文本图层,内容为"用户名",然后复制矩形文本框及文本,修改文本内容为"密码";置入"登录按钮"图片素材到合适的位置;接着在搜索框及登录框下方创建文字图层,效果如图 1.5.13。

图 1.5.13

（14）在"矩形 2"的下方用【矩形工具】 创建下方创建宽度 1330 像素,高度 36 像素的矩形,命名图层为"导航 1",为"导航 1"图层添加【图层样式】,执行【内阴影】命令,混合模式:正片叠底;不透明度为 13%;角度:-90,去选"使用全局光"选项;距离:3 像素。执行【投影】命令,混合模式:正片叠底;不透明度为 42%;角度:120,去选"使用全局光"选项;距离:4 像素。执行【渐变叠加】命令,角度 90 度,渐变色标从左到右依次为:#01284d、#035eb1。效果如图 1.5.14。

图 1.5.14

（15）在"导航 1"图形上方用【矩形工具】 创建宽度 1330 像素,高度 8 像素,填充白色的矩形,命名图层为"高光 1",将"高光 1"图层的【填充】降低到"20%",为"高光 1"图层添加【图层样式】,执行【内阴影】命令,混合模式:正常;不透明度为 43%;角度:90,去选"使用全局光"选项;距离:1 像素。执行【投影】命令,混合模式:正片叠底;不透明度为 32%;角度:-90,去选"使用全局光"选项;距离:1 像素。如图 1.5.15。

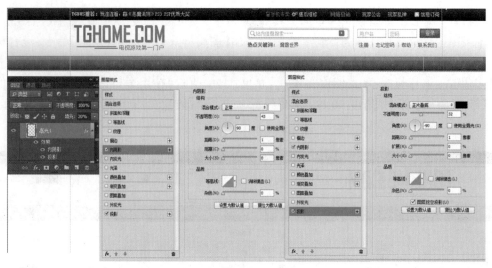

图 1.5.15

（16）用【圆角矩形工具】 创建宽度 45 像素,高度 18 像素圆角半径 3 像素的圆角矩形,命名为"导航按钮",并且双击该图层打开【图层样式】面板,执行【渐变叠加】命令,角度 90 度,渐变色标从左到右依次为:#002951、#043b6e。接着执行【描边】命令,设置描边大小为 1 像素;位置:外部;填充颜色为 #1b64ad。执行【内阴影】命令,混合模式:正片叠底;不透明度为 75%;角度:-90;距离:3 像素;大小:10 像素。效果如图 1.5.16。

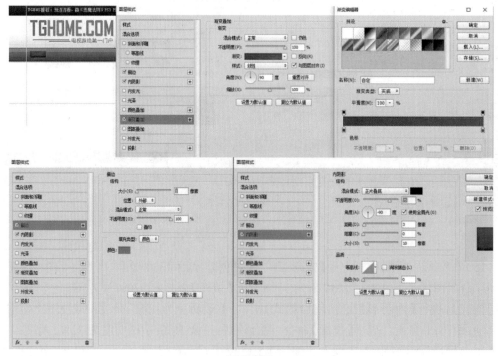

图 1.5.16

（17）创建"导航1"链接的文本内容，并放置在合适的位置，如图1.5.17。

图 1.5.17

（18）为导航链接的文本内容添加标签，按照图1.5.18所示参数创建█圆角矩形，命名为"导航标签1"，如图1.5.18所示。

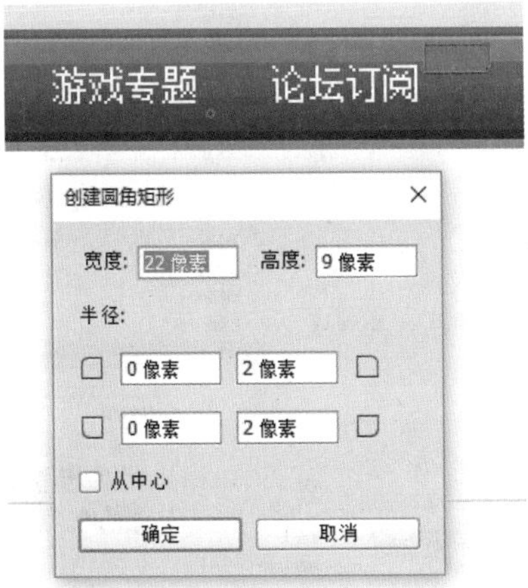

图 1.5.18

（19）使用【添加锚点工具】在圆角矩形左侧中点位置单击添加锚点，然后使用【转换点工具】单击该锚点使其转化为无方向句柄的锚点，并使用【直接选择工具】选中锚点向左侧移动，效果如图1.5.19所示。

图 1.5.19

（20）为"导航标签1"创建【图层样式】，执行【内阴影】命令，混合模式：正常；不透明度为

36%;角度:-45,去选"使用全局光"选项;距离:1 像素。然后执行【投影】命令,混合模式:正片叠底;不透明度为 41%;角度:-90;距离:1 像素;大小:1 像素。执行【渐变叠加】命令,角度 90 度,渐变色标从左到右依次为:#ff4800、#ffae00。添加【图层样式】后,创建新的文本图层,输入 "RSS",置文本于合适位置,效果如图 1.5.20 所示。

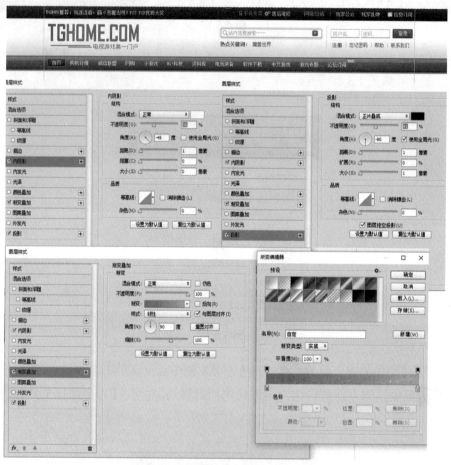

图 1.5.20

（21）复制"导航标签 1",将复制图层名称修改为"导航标签 2",双击打开【图层样式】面板,进入【渐变叠加】命令,角度 90 度,渐变色标从左到右依次为:#279811、#81d62d。创建新的文本图层,输入"HIT",置文本于合适位置,效果如图 1.5.21 所示。

图 1.5.21

（22）用【矩形工具】 创建宽度 1330 像素,高度 32 像素的矩形,命名图层为"导航 2",为"导航 2"图层添加【图层样式】,执行【描边】命令,设置描边大小为 2 像素;位置:外部;填充

颜色为 #002646。执行【内发光】命令,混合模式:正常;填充颜色:#00050d 不透明度为 100%;阻塞:100%;大小:1 像素。距离:3 像素。继续执行【渐变叠加】,角度 90 度,渐变色标从左到右依次为:#001229、#002444。效果如图 1.5.22。

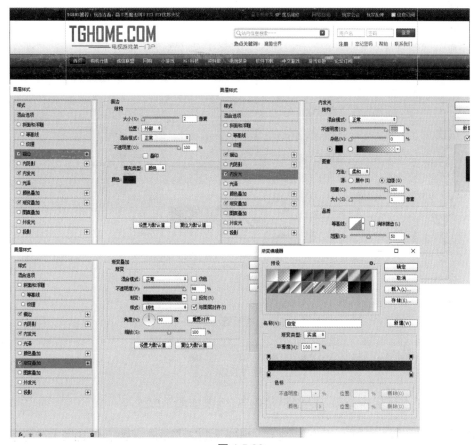

图 1.5.22

(23)创建"导航 2"链接的文本内容,并放置在合适的位置;用与创建"登录框"相同的方法创建 2 级搜索框,并创建文本及制作下拉三角标,效果如图 1.5.23。

图 1.5.23

(24)用【矩形工具】 ■ 创建宽度 960 像素,高度 70 像素的矩形,并与背景居中对齐,命名图层为"矩形 3"。双击该图层打开【图层样式】面板,执行【描边】命令,设置描边大小为 1 像素;位置:外部;填充颜色为 #dbdbdb。执行【投影】命令,混合模式:正片叠底;不透明度为 75%;角度:-90;距离:1 像素;阻塞:10%;大小:10 像素。执行【渐变叠加】命令,角度 90 度,渐变色标从左到右依次为：#e8e8e8、#ffffff。效果如图 1.5.24。

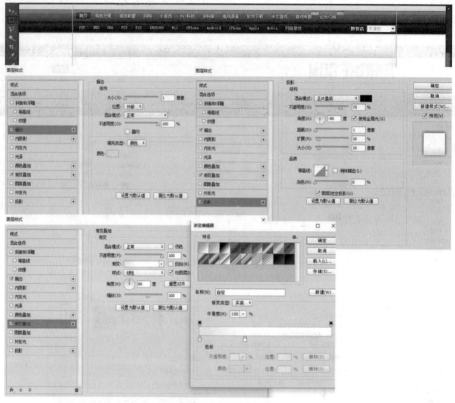

图 1.5.24

（25）创建文本图层作为第三层级链接内容，效果如图 1.5.25。

图 1.5.25

（26）创建新的文件夹组，将其命名为"游戏人"，在组内用【矩形工具】▢，创建宽度 265 像素，高度 250 像素，填充白色的矩形，命名为"范围 1"，双击该图层打开【图层样式】面板，执行【描边】命令，设置描边大小为 1 像素；位置：外部；填充颜色为 #dcdcdc。并将其对其左参考线。利用上述介绍过的"导航 1"的设计方法，以"范围 1"大小为参照制作"游戏人"版块标题栏并且创建文本内容，效果如图 1.5.26。

图 1.5.26

（27）创建新的文件夹组，将其命名为"banner1"，在组内用【矩形工具】![矩形工具图标]创建宽度470 像素，高度 250 像素，填充白色的矩形，命名为"范围 2"，将其与"范围 1"图形顶端对齐，并置入"枪战"图片素材到"范围 2"图层上方，右键点击创建剪贴蒙版，效果如图 1.5.27。

图 1.5.27

（28）在"枪战"图层底部用【矩形工具】![矩形工具图标]新建宽度 470 像素，高度 45 像素，填充黑色的矩形，将图层不透明度设置为 70%，命名该图层为"半透明遮罩"，右键点击创建剪贴蒙版，效果如图 1.5.28 所示。

图 1.5.28

（29）在"半透明遮罩"图层上方置入图片素材，并为它们添加【图层样式】中的【描边】效果；为模拟鼠标划过的动态，选择与 banner 图片一致的缩览图，并为其添加不同的描边颜色，并且利用【多边形工具】![多边形工具图标]创建三角图标，将其放置在该图片上方，效果如图 1.5.29所示。

图 1.5.29

（30）为 banner 制作标题文字，可参照图 1.3.30 中的字符参数创建文字图层"WORLD AT WAR"，效果如图 1.5.30 所示。

图 1.5.30

（31）为文字"WORLD AT WAR"制作金属质感效果，双击文字图层打开【图层样式】面板，执行执行【描边】命令，设置描边大小为 1 像素；位置：外部；填充颜色为 #040404。然后执行【外发光】命令，混合模式：正片叠底；不透明度为 35%；填充颜色为 #040404；扩展：15%；大小：7 像素。执行【投影】命令，混合模式：正片叠底；不透明度为 75%；角度：-90；距离：2 像素；扩展：5%；大小：5 像素。执行【渐变叠加】命令，角度 90 度，渐变色标从左到右依次为：#9d918c、#ffffff，效果如图 1.5.31 所示。

（32）使用相同方法制作副标题，文字的渐变颜色和样式都可做略微调整，只要与主标题风格一致即可，如图 1.5.32 所示。

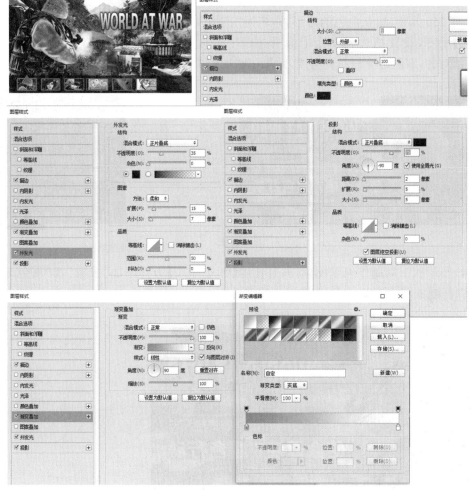

图 1.5.31

图 1.5.32

（33）创建新的文件夹组，将其命名为"联盟推广"，在组内用【矩形工具】▣创建宽度 200 像素，高度 250 像素，填充白色的矩形，命名为"范围 3"，双击该图层打开【图层样式】面板，执行【描边】命令，设置描边大小为 1 像素；位置：外部；填充颜色为 #dcdcdc。并将其与"banner1"顶部对齐，右侧边缘与右参考线，效果如图 1.5.33。

图 1.5.33

（34）用形状工具制作矢量图标，并且使用【图层样式】为其添加"投影"及"颜色渐变"效果，放置"范围 3"图形的左上角，如图 1.5.34 所示。

图 1.5.34

（35）用【矩形工具】▣创建宽度 200 像素，高度 35 像素，填充白色的矩形，命名为"主标题栏"，与"范围 3"图形顶部及左右对齐，为其添加【图层样式】中的【描边】命令，设置描边大小为 1 像素；位置：外部；填充颜色为 #dcdcdc。继续添加【渐变叠加】命令，角度 90 度，渐变色标从左到右依次为：#e5e4e4、#ffffff。最后添加【投影】命令，混合模式：正片叠底；不透明度为 14%；角度：90，去选"使用全局光"选项；距离：4 像素；大小：13 像素。选择该图层右键执行【剪贴蒙版】命令，效果如图 1.5.35 所示。

（36）用【矩形工具】▣创建宽度 68 像素，高度 20 像素，填充白色的矩形，命名为"副标题栏 1"，为其添加【图层样式】中的【描边】命令，设置描边大小为 1 像素；位置：外部；填充颜色为 #dcdcdc。继续添加【渐变叠加】命令，角度 90 度，渐变色标从左到右依次为：#e5e4e4、#ffffff。并创建副本命名为"副标题栏 2"，将两个图形放置在合适的位置。效果如图 1.5.36 所示。

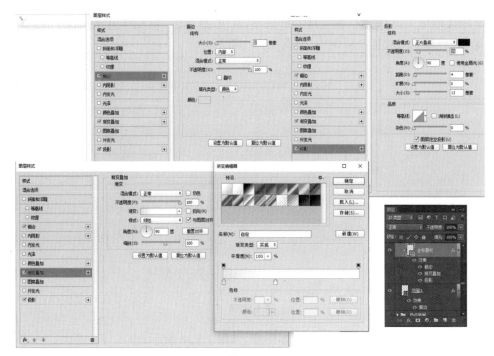

图 1.5.35

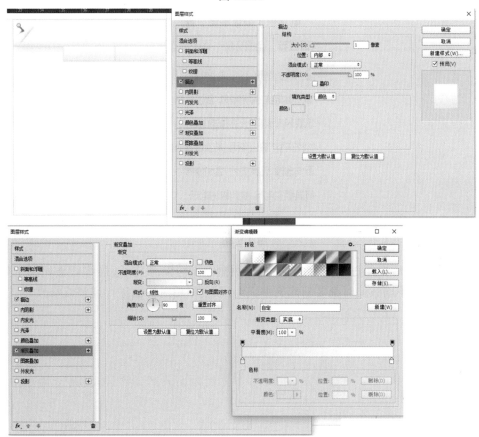

图 1.5.36

（37）用【矩形工具】创建宽度 200 像素，高度 28 像素，填充颜色 #ededed 的矩形，并复制两个副本，将其等距放置在版块中，如图 1.5.37 所示。

图 1.5.37

（38）创建版块中作为文字链接的文本图层，如图 1.5.38 所示。

图 1.5.38

（39）利用上述所介绍过的操作方法，将网页剩余部分制作完成，最终效果如图 1.5.39 所示。（注意：在制作不同版块时都要新建文件夹组，以便日后对界面进行调整或修改。）

图 1.5.39

本次任务通过对门户网站首页界面的设计，对门户网站的概念、功能、分类、设计原则有了初步了解，并且通过实践操作对门户网站页面的设计表现方法有进一步认知。

设计一款校园门户网站首页，要求界面布局合理，层级清晰，色彩搭配协调美观，风格简洁大气。

项目二　企业类网站首页设计

当一个企业拥有一个视觉设计优秀、性能体验愉悦的网站,将会给企业带来良好的宣传效果,设计出色的网站往往可以提升企业形象,为企业带来更多商机,所以企业类网站的设计与企业未来的发展息息相关。在企业类网站界面的设计过程中,不仅要体现出企业鲜明的形象,而且还要注重对企业产品和企业文化的宣传,以方便浏览者了解企业性质。通过实现万国工坊房地产企业网站首页设计制作,学习企业类网页界面设计的相关知识和设计表现方法。在任务实现过程中:

- 了解企业类网站的概念。
- 理解企业类网站的分类。
- 理解企业类网站界面的构成要素。
- 通过实践掌握企业类网站页面设计的表现方法。

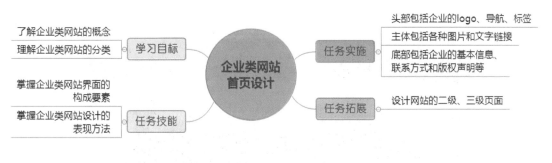

【情境导入】

随着经济与科技的飞速发展,互联网已渗透到社会的各行各业。新的网站层出不穷,旧的网站不断更新,激烈的竞争对企业类网站的设计提出了更高的要求,不仅需要技术的应用,更需要一个合理美观的界面设计。在考虑浏览者能够快速、有效地获取网站信息的同时,又可以给浏览者留下深刻的印象,从而获得美的感受。 本次任务主要是实现万国工坊房地产企业网站的首页设计。

【功能描述】

- 使用企业类网站版式的常用结构类型来设网站界面。
- 头部包括企业的 logo、导航、标签。
- 主体包括各种图片和文字链接。
- 底部包括企业的基本信息,联系方式和版权声明等。

【基本框架】

基本框架如图 2.3.1 所示。通过本次任务的学习,能将框架图 2.3.1 转换成效果图 2.3.2 所示。

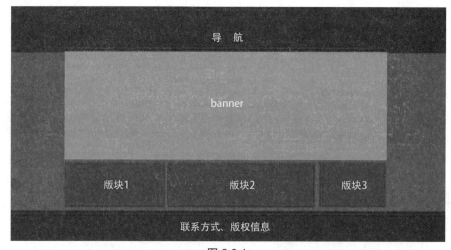

图 2.3.1

图 2.3.2

技能点 1　企业类网站的概念

企业类网站主要是指运用网络信息传播的特点,以网络营销为目的,在互联网上进行网站建设和企业宣传,让外界对企业有所了解,帮助企业树立一个良好的形象,并为受众提供一定的服务,是企业在互联网上进行网络建设和形像宣传的平台。

技能点 2　企业类网站的分类

目前,根据企业的行业特性、企业建站的目的以及不同的目标受众群体,企业网站大致可以分为:基本信息类、电子商务类和多媒体广告类。

(1)基本信息类

该类企业网站主要面向客户、业界人士或普通浏览者,以介绍企业的基本资料、帮助树立企业形象为主,也可适当提供业内的新闻或信息知识,如图 2.4.1 和图 2.4.2 所示。

图 2.4.1

图 2.4.2

(2)电子商务类

该类企业网站主要面向供应商、客户或者企业产品(服务)的消费群体,提供某种只属于企业业务范围的服务或交易。这样的网站可以说是正处于电子商务化的一个中间阶段,由于行业特色和企业投入的深度广度的不同,其电子商务化程度可能处于从比较初级的服务支持、产品列表到比较高级的网上支付过程中的某一阶段。通常这种类型可以形象的称为"网上 ×× 企业"。例如，网上银行、网上营业厅等。如图 2.4.3 和图 2.4.4 所示。

图 2.4.3　　　　　　　　　　　　　　　　　　　图 2.4.4

（3）多媒体广告类

该类型网站主要面向需求商或企业产品（服务）的消费群体，以宣传企业品牌形象或展示自己主要产品的详细情况为主。这种类型的企业站点从主要目的上来说，在注重品牌和形象的同时也重视产品的介绍。从表现手法来讲，与普通网站相比较更像一个平面广告或者电视广告，所以称为多媒体广告类企业网站，如图 2.4.5 所示。

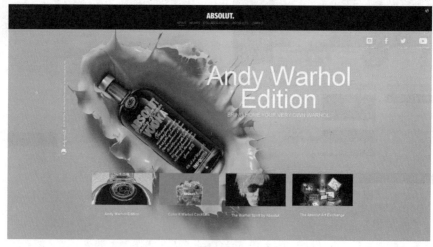

图 2.4.5

在实际应用中,很多网站往往不能简单地归为某一种类型,无论是建站目的还是表现形式都可能涵盖了两种或两种以上类型;对于这种企业网站,可以按上述类型的区别划分为不同的部分,每一个部分基本上可以认为是一个较为完整的网站类型。

技能点 3　企业类网站界面的构成要素

企业类网站版式的构成要素主要包括:logo、导航条、色彩、文字、banner、快速通道等。

(1)Logo 是企业网站形象和内涵的重要体现,是与其他网站链接的门户与标志,因此它是构成版式设计的重要因素。

(2)导航条是受众浏览网站的指南针,是连接网站中各个页面之间的枢纽,浏览者阅读网站就依靠鼠标点击导航条来完成,它的成功与否将直接影响网站的成败。

(3)企业类网站的色彩包括:标准色彩、文字链接色彩、图片主色彩、页面背景色和边框色彩等。色彩的选择与搭配取决于企业的性质,适当地选用能充分体现企业网站的形象与内涵。但值得注意的是,在色彩搭配时,选择种类不宜过多,纯度不宜过高,要不然很容易使浏览者眼花缭乱。

(4)文字主要包括网站标志、网站导航栏及网站内容,字体的可阅读性,可以大大提高整个网站的点击率。在实现字意与语言意义的基础上,就需要追求字体的美学效应,将文字图像化、意象化,可以适当地体现字体的趣味性,提高浏览者的阅读兴趣。

(5)banner 是指网站页面的横幅广告。banner 的运用可以突出页面主题,使页面的内容更加形象化和更直观的渲染了主题。在确定企业网站时,要将图片分类,可以直接地传达网站的信息。通常,精美的图片有更多的感情色彩,可以引起浏览者的共鸣。

(6)快速通道通常是根据企业网站的性质和客户的要求进行设计,需要与版式中其他元素相协调。大多数企业网站都是把企业简介、企业新闻和联系我们作为版中快速通道的三大主题内容。

通过下面的操作,实现图 2.3.2 所示的万国工坊房地产企业网站首页的效果。

(1)打开 Photoshop 软件,单击【文件】→【新建】命令或按 Ctrl+N 快捷键,新建一个名为"房地产企业网站"的 RGB 模式,"宽度"和"高度"分别为 1440 像素和 755 像素,"分辨率"为72 像素 / 英寸、"背景内容"为"白色"的文件。如图 2.5.1 所示。

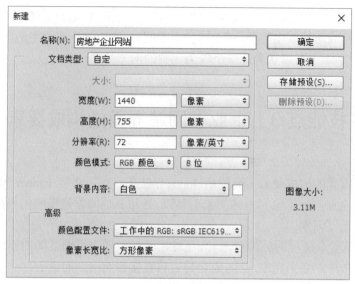

图 2.5.1

（2）新建空白图层，填充颜色：#051a69，如图 2.5.2。

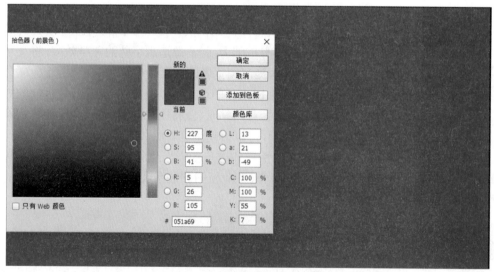

图 2.5.2

（3）新建一个文件夹组，命名为"顶部"，在组内用【矩形工具】█，创建宽度 1440 像素，高度 150 像素，填充颜色为 #151139 的矩形置于画面最上方，并且将图层命名为"矩形 1"，如图 2.5.3 所示。

（4）选择"矩形 1"图层，双击图层打开【图层样式】面板，添加【渐变叠加】命令，混合模式：柔光，不透明度：48%，角度 90 度，渐变色标从左到右依次为：#000000、#ffffff，如图 2.5.4 所示。

图 2.5.3

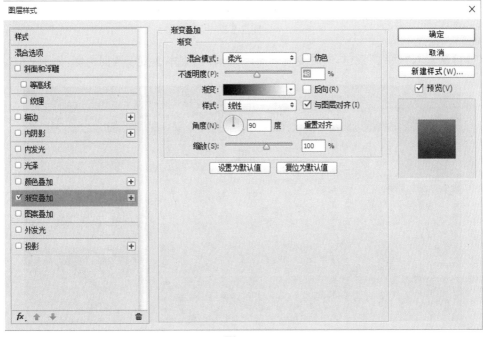

图 2.5.4

（5）效果如图 2.5.5 所示。

图 2.5.5

　　（6）置入"底纹"素材，并且为其添加【图层蒙版】，使底纹产生两边虚化的效果，如图 2.5.6 所示。

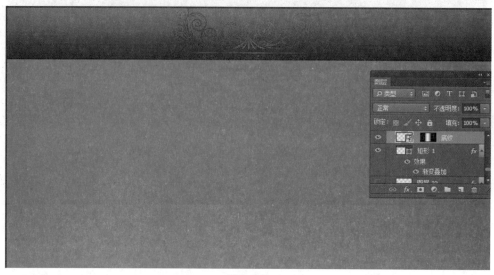

图 2.5.6

　　（7）再次置入"底纹"素材，并且复制一层，将副本 1、副本 2 置于画面两侧，如图 2.5.7 所示。

图 2.5.7

　　（8）为了强调版块间的区分，用【矩形工具】创建宽度 1440 像素，高度 1 像素，填充颜色为 #ceb37c 的矩形置于"矩形 1"最下方，营造描边效果，如图 2.5.8 所示。

图 2.5.8

（9）接下来为导航创建鼠标滑过效果，用【矩形工具】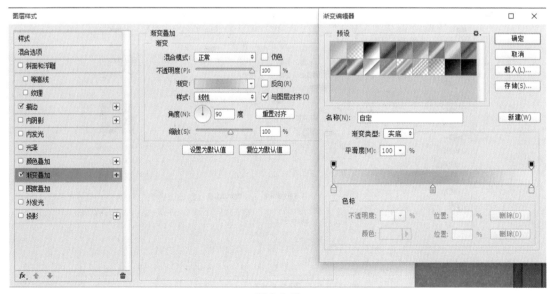创建宽度 100 像素，高度 28 像素的矩形，双击图层打开【图层样式】面板，执行【描边】命令，设置描边大小为 1 像素，填充颜色为 #98793db，如图 2.5.9 所示。

图 2.5.9

（10）继续添加【图层样式】中的【渐变叠加】命令，角度 90 度，渐变色标从左到右依次为：#e7dab7、#d4b374、#fbe6cb 如图 2.5.10 所示。

图 2.5.10

（11）效果如图 2.5.11 所示。

图 2.5.11

（12）创建文字图层，添加导航文本内容，如图 2.5.12 所示。

图 2.5.12

（13）制作二级导航背景框，用【矩形工具】创建宽度 100 像素，高度 108 像素的矩形，双击图层打开【图层样式】面板，执行【描边】命令，设置描边大小为 1 像素，填充颜色为 #c19d69，如图 2.5.13 所示。

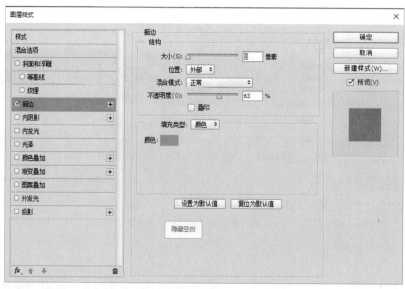

图 2.5.13

（14）继续添加【图层样式】中的【内阴影】命令,混合模式:正常,填充颜色 #fff3af,不透明度为 100％,角度:120,距离:1 像素。如图 2.5.14 所示。

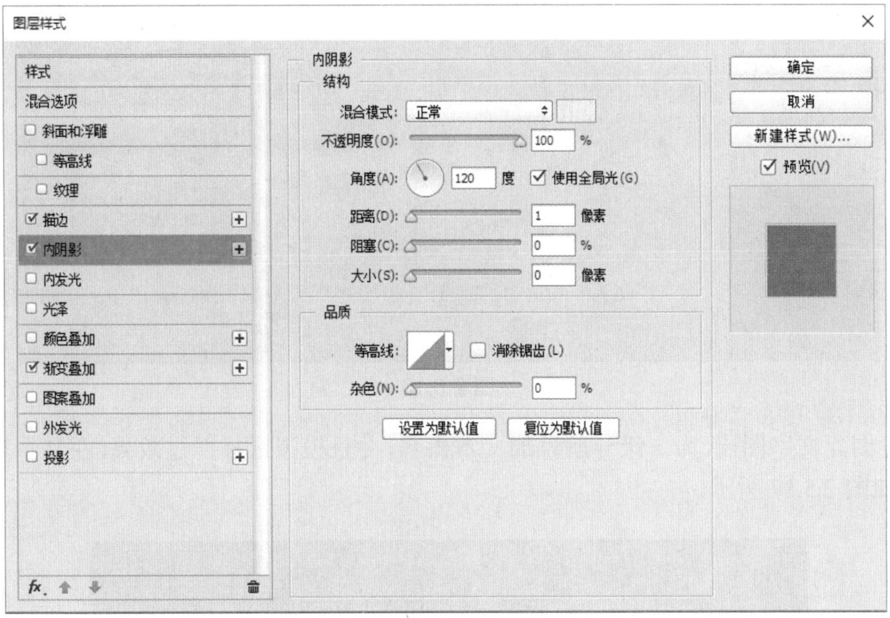

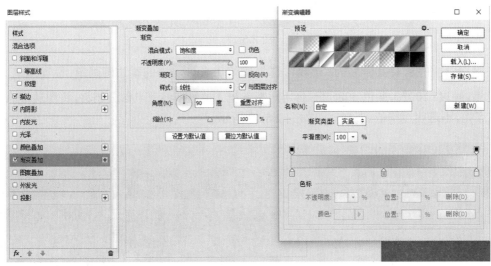

图 2.5.14

（15）继续添加【图层样式】中的【渐变叠加】命令,混合模式:饱和度,角度 90 度,渐变色标从左到右依次为:#e7dab7、#d4b374、#d4b374。如图 2.5.15 所示。

图 2.5.15

（16）降低该图层不透明度为 75％,效果如图 2.5.16。

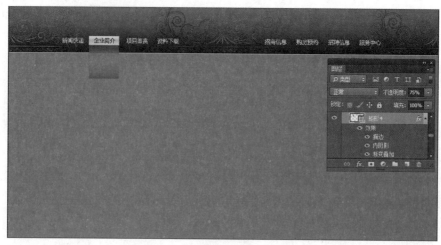

图 2.5.16

（17）创建文字图层，为二级导航添加文本内容，并且模拟鼠标滑过效果，在某一项下添加下划线，如图 2.5.17 所示。

图 2.5.17

（18）新建图层，将其命名为"光效"，选择画笔工具 ✎ 中的柔边圆画笔，设置画笔大小：330 像素，硬度：100%，颜色 #00cafd；再用矩形选框工具 ⬚ 将下半部分删去，将图层混合模式改为：点光，不透明度降低到：50%。如图 2.5.18 所示。

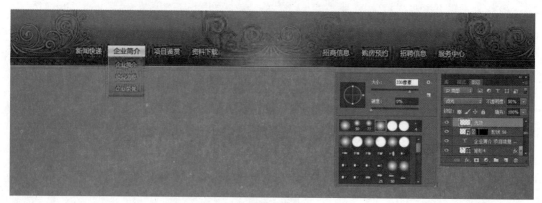

图 2.5.18

（19）置入"LOGO"素材和图标按钮素材，然后创建文本标签放置在左上角和右上角，效果如图 2.5.19 所示。

图 2.5.19

（20）新建一个文件夹组，命名为"中间"，在组内用【矩形工具】 ▦ 创建宽度 1068 像素，高度 342 像素的矩形置于"顶部"组下方，并且将图层命名为"banner"，如图 2.5.20 所示。

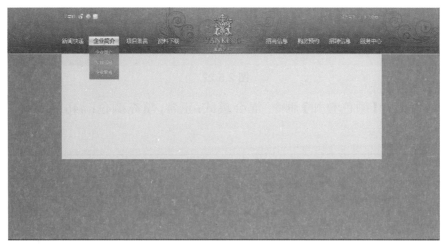

图 2.5.20

（21）置入"室外"素材于"banner"图层上方，点击鼠标右键执行【创建剪贴蒙版】命令，如图 2.5.21 所示。

图 2.5.21

（22）为 banner 添加广告标语，新建文字图层，添加文本；然后双击文字图层打开【图层样式】面板，执行【描边】命令，设置描边大小为 2 像素，填充类型：渐变，渐变色标从左到右依次为：#b2723c、#f5e28a、#b2723c、#f8e8a0。如图 2.5.22 所示。

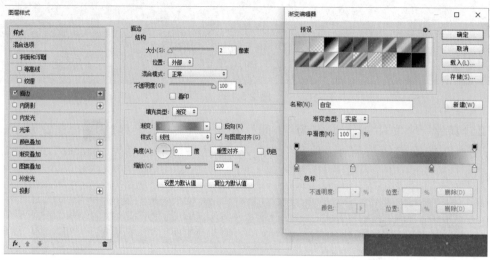

图 2.5.22

（23）继续执行【颜色叠加】命令，混合模式：正常，填充颜色：#461515。如图 2.5.23 所示。

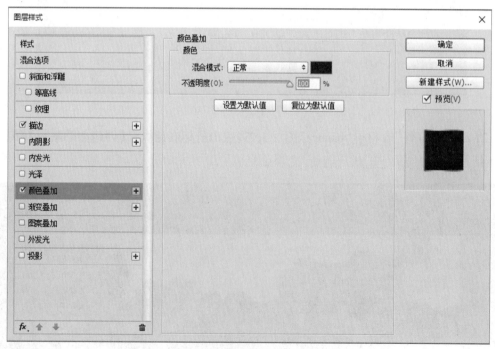

图 2.5.23

（24）效果如图 2.5.24 所示。

图 2.5.24

（25）接下来制作 banner 轮播窗口，首先用【矩形工具】 创建宽度 510 像素，高度 45 像素，填充颜色 #000000 的矩形，并且将图层命名为"轮播背景"，将该图层不透明度调整为 70%；双击该图层打开【图层样式】面板，执行【描边】命令，设置描边大小为 1 像素，填充颜色为 #b6975e，最后效果如图 2.5.25 所示。

图 2.5.25

（26）创建【自定义形状工具】 中的"箭头 2"，如图 2.5.26 所示。填充颜色 #07173b。

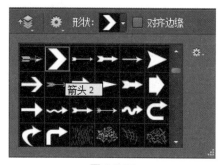

图 2.5.26

（27）选择该图层，双击打开【图层样式】面板，执行【描边】命令，设置描边大小为 1 像素，填充颜色为 #b6975e，如图 2.5.27 所示。

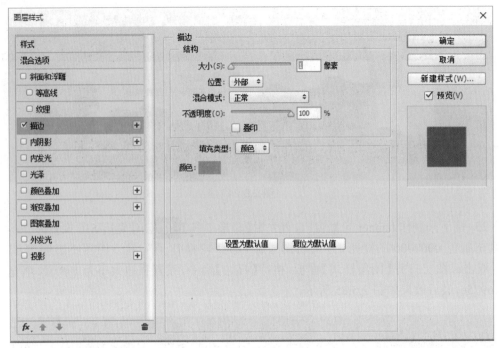

图 2.5.27

（28）继续执行【渐变叠加】命令，混合模式：柔光；角度 90 度；渐变色标从左到右依次为：#676868、#ffffff，如图 2.5.28 所示。

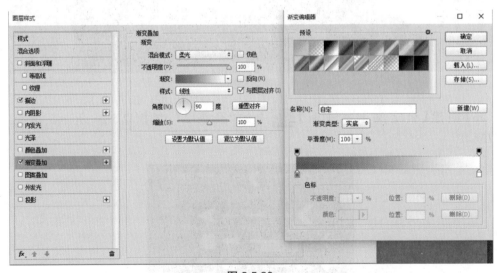

图 2.5.28

（29）效果如图 2.5.29 所示。

图 2.5.29

（30）在"中间"文件夹组里创建子文件夹组，命名为"轮播组 1"，用【矩形工具】■创建宽度 76 像素，高度 40 像素的矩形；双击打开【图层样式】面板，执行【描边】命令，设置描边大小为 1 像素，填充颜色为 #b6975e；将素材"轮播图"置于该矩形图层上方，右键执行【创建剪贴蒙版】命令，效果如图 2.5.30 所示。

图 2.5.30

（31）用同样的方式，创建其余的轮播组图，效果如图 2.5.31 所示。

图 2.5.31

（32）在"中间"文件夹组里创建子文件夹组，命名为"区位图"，用【矩形工具】■创建宽度 332 像素,高度 144 像素的矩形;填充颜色为 #031536;将图层命名为"区位图背景",修改图层不透明度调整为 72% 并且与"banner"图层左对齐;双击该图层打开【图层样式】面板,执行【描边】命令,设置描边大小为 1 像素,填充颜色为 #b6975e;最后效果如图 2.5.32 所示。

图 2.5.32

(33)创建文本内容,效果如图 2.5.33 所示。

图 2.5.33

(34)用【矩形工具】■创建宽度 300 像素,高度 104 像素的矩形;将素材"地图"置于该图层上方,右键执行【创建剪贴蒙版】命令,效果如图 2.5.34 所示。

图 2.5.34

(35)在"中间"文件夹组里创建子文件夹组,命名为"新闻",用【矩形工具】■创建宽度

488 像素,高度 144 像素的矩形;填充颜色为 #031536;将图层命名为"区位图背景",修改图层不透明度调整为 72%;双击该图层打开【图层样式】面板,执行【描边】命令,设置描边大小为 1 像素,填充颜色为 #b6975e;最后效果如图 2.5.35 所示。

图 2.5.35

(36)在新闻版块里创建文本内容,效果如图 2.5.36 所示。

图 2.5.36

(37)在"中间"文件夹组里创建子文件夹组,命名为"新闻",用【矩形工具】创建宽度 224 像素,高度 144 像素的矩形;填充颜色为 #031536;将图层命名为"视频",修改图层不透明度调整为 72%并且与"banner"图层右对齐;双击该图层打开【图层样式】面板,执行【描边】命令,设置描边大小为 1 像素,填充颜色为 #b6975e;最后效果如图 2.5.37 所示。

图 2.5.37

（38）创建文本内容，效果如图 2.5.38 所示。

图 2.5.38

（39）用【矩形工具】▨创建宽度 300 像素，高度 104 像素的矩形；将素材"视频"置于该图层上方，点击鼠标右键执行【创建剪贴蒙版】命令，效果如图 2.5.39 所示。

图 2.5.39

（40）用【圆角矩形工具】▨创建宽度 58 像素，高度 38 像素，圆角半径 3 像素的圆角矩形；填充颜色为 #ffffff；修改图层不透明度调整为 79％；双击该图层打开【图层样式】面板，执行【描边】命令，设置描边大小为 1 像素，填充颜色为 #c5c5c5，如图 2.5.40 所示；执行【渐变叠加】命令，角度 90 度，渐变色标从左到右依次为：#000000、#ffffff；如图 2.5.41 所示；最终效果如图 2.5.42 所示。

（41）用【多边形工具】⬡创建边数为"3"的三角形，填充颜色为 #000000，效果如图 2.5.43 所示。

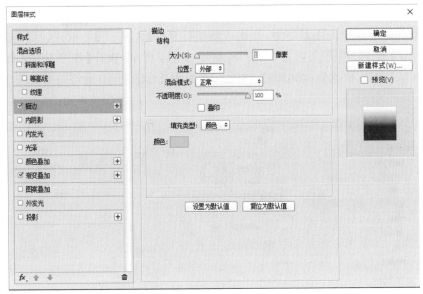

图 2.5.40

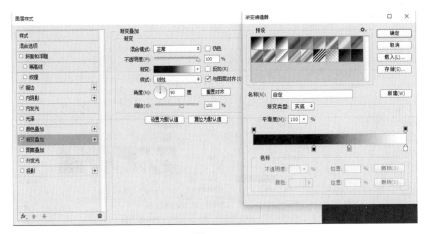

图 2.5.41

图 2.5.42

图 2.5.43

（42）新建一个文件夹组，命名为"底部"，在组内用【矩形工具】创建宽度 1440 像素，高度 88 像素的矩形置于画面最下方，双击该图层打开【图层样式】面板，执行【描边】命令，设置描边大小为 1 像素，填充颜色为 #ceb37c，如图 2.5.44 所示；执行【渐变叠加】命令，角度 90度，渐变色标从左到右依次为：#061033、#19234C；如图 2.5.45 所示；最终效果如图 2.5.46 所示。

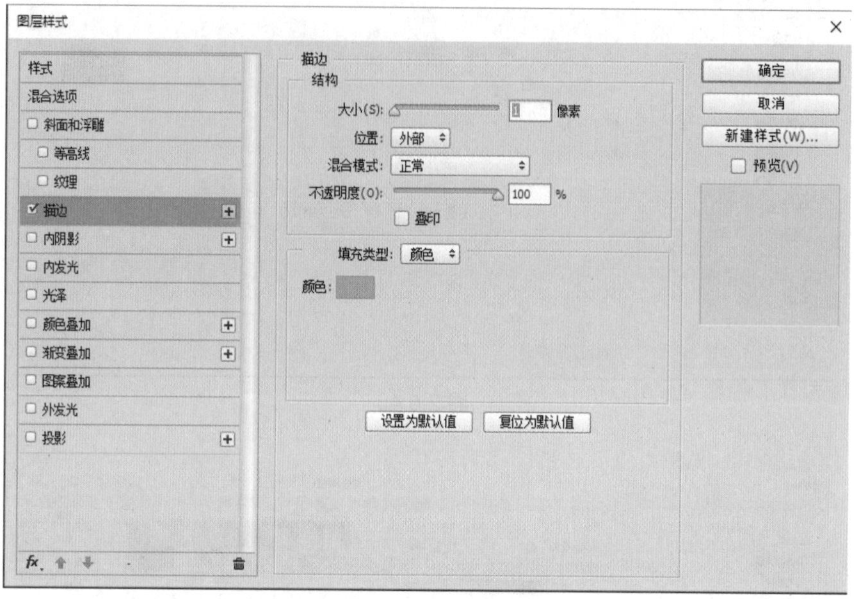

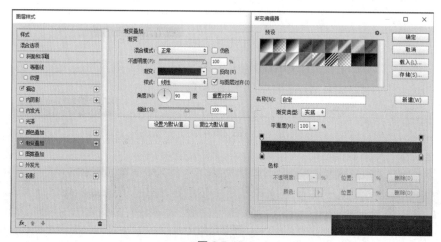

图 2.5.44

图 2.5.45

图 2.5.46

（43）在该图层上置入素材"底纹 2"，右键执行【创建剪贴蒙版】命令，将"底纹 2"图层的混合模式改为"排除"，图层不透明度改为 10％，效果如图 2.5.47 所示。

图 2.5.47

（44）创建文本图层，双击该图层打开【图层样式】面板，执行【渐变叠加】命令，角度 180 度，渐变色标从左到右依次为：#894b24、#845e2f、#f8e88e、#c69351、#956429、#e49e56、#743b20，如图 2.5.48 所示。

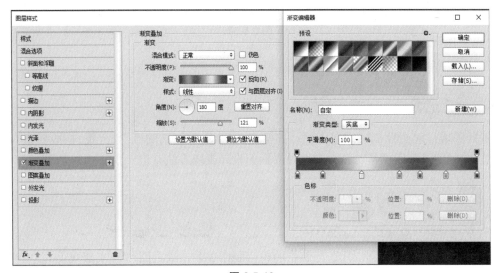

图 2.5.48

（45）添加素材"电话图标"及其他文本内容，如图 2.5.49 所示。

图 2.5.49

（46）网站首页最终完成效果如图 2.5.50 所示。

图 2.5.50

本任务通过对企业类网站界面设计的学习,对企业类网站的概念、分类、构成要素有了初步了解,并且通过实践操作对企业类网站界面的设计表现方法有进一步认知。

根据网站首页设计风格,任选导航中的内容制作 3 个二级页面,3 个三级页面。

项目三　游戏类网站首页设计

　　互联网的出现为电子游戏的发展提供了新的平台,凭借信息双向交流、速度快、不受空间限制等优势,改变了单机游戏固定、呆板的状况,让真人玩家参与游戏互动,提高了游戏的真实性和竞技性,使玩家在虚拟世界里可以发挥现实世界中无法实现的潜能。游戏类网站是时下非常受浏览者欢迎的网站类型,在网站界面设计中更注重视觉冲击力和交互体验,可以通过富有质感的视觉效果,并使用具有游戏特色的场景、配色及布局的方式来表现。通过实现石器时代游戏网站首页的制作,学习游戏类网页界面设计的相关知识和设计表现方法。在任务实现过程中:

- 了解界面设计在游戏类网站中的意义。
- 理解游戏类网站的分类。
- 理解网页设计的色彩搭配原则 。
- 掌握游戏类网站页面设计的表现方法。

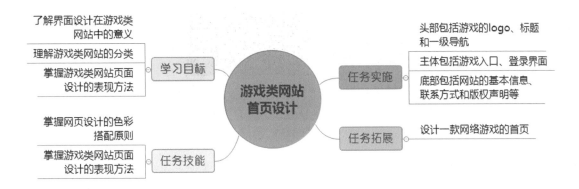

 任务描述

【情境导入】

网络游戏作为一门新生的艺术,具有独立的美学形式和艺术结构。游戏中对交互设计感受的好坏,直接影响着玩家的游戏体验和感性判断。游戏界面作为人机交互的载体,其作用无可取代。游戏玩家对游戏的直观印象,一个来自操作体验,另一个就是画面质感。游戏界面本身就是画面的一部分,其地位举足轻重。界面设计是游戏设计中非常重要的一个环节,玩家与游戏系统的直接交互就是通过界面系统完成的。游戏的界面跟产品的外观和功能一样,要能吸引玩家并且易用。在设计界面的过程中,要一直注重易用性设计原则,并且充分考虑用户感受以便随时调整界面的设计细节。本次任务主要是实现石器时代游戏的网站首页设计。

【功能描述】

● 使用游戏类网站版式的常用结构类型来设网站界面。

● 头部包括游戏的 logo、标题和一级导航。

● 主体包括游戏入口、登录界面。

● 底部包括网站的基本信息,联系方式和版权声明等。

【基本框架】

基本框架如图 3.3.1 所示。通过本次任务的学习,能将框架图 3.3.1 转换成效果图 3.3.2 所示。

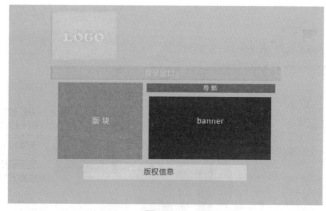

图 3.3.1

图 3.3.2

技能点 1　界面设计在游戏类网站中的意义

随着社会经济与科技的发展,人们物质生活水平不断提高,休闲娱乐已经成为当今时代人们生活需求中非常重要的一部分。游戏是一种交互式的娱乐形式。在互联网时代,玩网络游戏也已经成为人们休闲娱乐最为流行的方式之一。网络游戏拥有强大的人与人之间的交流平台,玩家在游戏中得到充足的虚拟现实体验,这是过去传统游戏不能比拟的。

界面设计是网页游戏人机交互的载体。网页游戏之所以深受用户的喜爱,主要是因为其无需下载就可以直接使用,而界面设计的本质就是传播一定的信息,因此,网站界面融合了游戏的多种操作功能,比如,游戏中的按钮、画面以及声音等都在网站界面中体现,玩家需要通过网站界面来感知游戏内容等。

界面设计是玩家选择游戏的重要因素。基于网页游戏数量众多,玩家在选择网页游戏时考虑的首要因素就是符合自己的预期,而玩家考虑网页游戏的前提就是要形成良好的印象,而界面视觉效果则成为玩家选择的重要依据。比如,界面设计的风格是否符合玩家的需求等。

界面体现了网页游戏的内在文化。界面设计主要是根据用户的需求而进行的系列设计,是以研究用户行为方式和心理感知为基础的,因此,设计者在进行界面设计时会进行系统的研究与调查,会将网页游戏的内涵文化体现在界面设计中。

技能点 2 游戏网站的分类

游戏网站的设计目的在于能够快速吸引用户的体验兴趣,及时传递游戏特色和类型。

根据网页游戏的设计风格来分类的话,目前游戏网站的类型大致可以分为:休闲游戏网站、大型网游网站、综合游戏网站 3 类。

(1)休闲游戏网站

休闲游戏网站在设计制作过程中需要利用鲜艳活泼的配色来吸引玩家注意,整体页面采用鲜明的色彩对比,可以给人营造一种愉快、舒服的视觉感受。同时,此类型网站经常运用可爱的卡通形象,以及大量的动画效果,烘托出一种快乐、轻松的气氛,如图 3.4.1 和图 3.4.2 所示。

图 3.4.1   图 3.4.2

(2)大型网游网站

该类型网站最重视视觉性,一般使用低明度色调作为网页主色调,画面绚丽、层次感强,有视觉冲击效果,在设计过程中,合理利用一些氛围元素的渲染,例如光、烟雾、云等素材,不仅可以起到烘托页面气氛的作用,而且可以突出主体,同时弱化主体外的其他元素,成功地拉开主体与其他非主体元素之间的层次关系,给人营造出一种神秘、炫酷的感觉。如图 3.4.3 和图 3.4.4 所示。

(3)综合游戏网站

该类型网站在设计过程中强调内容的条理性,以便玩家能够快速找到想要进入的游戏入口;页面构成形式统一,色调和谐,可运用多种颜色和合理的版式布局来区分不同的游戏。例如 360 游戏、腾讯游戏等,如图 3.4.5 和图 3.4.6 所示。

图 3.4.3　　　　　　　　　　　　　　　　　图 3.4.4

图 3.4.5 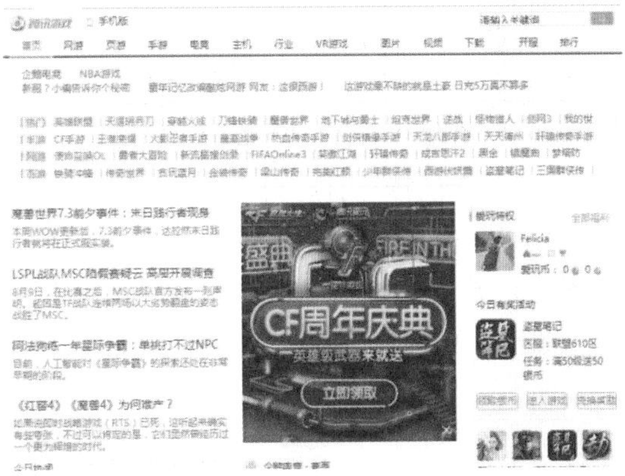　　　　　　　　　　　　　　　　　图 3.4.6

技能点 3　网页设计的色彩搭配原则

　　色彩的搭配对于网页的美观非常重要,一般用同一色系的色彩,色彩层次分明但不会导致反差强烈。色彩会使用户产生心理感觉,不同的颜色会给浏览者不同的心理感受。每种色彩在饱和度,明度上略微变化就会产生不同的感觉。以绿色为例,黄绿色有青春、旺盛的视觉意境,而蓝绿色则显得幽静深远。在网页设计中,色彩搭配原则要遵循以下几点:

　　(1)网页色彩的舒适性

　　色彩元素往往是首先吸引浏览者目光的,之后才是阅读网站的信息内容。为了使网页获得最大程度的视觉传达功能,使网络真正成为可读强性且新颖的媒体,网页的色彩设计应该符合人们视觉和心理的特点,色彩风格在符合游戏特色的前提下,具有舒适性和协调性,能够让浏览者在最舒适的状态下寻找到有用的信息,尽量减少视觉疲劳。

(2)网页色彩的视觉流程和导向

人们在阅读一种信息时,视觉总有一种自然的流动习惯,会有先后顺序。心理学的研究表明,在一个平面上,上半部让人轻松和自在,下半部则让人稳定和压抑。这样平面的上部和中上部被称为"最佳视域",也就是视觉最先优选的地方。网页设计中也要将一些重要的信息和主题栏放在这个位置,运用一些重点色彩与其他区域相区分,突出整页版面的主题要素,在众多构成要素中清楚地突出其主体的地位,它应该尽可能地成为阅读时视线流动的起点。如果没有这个主体色彩要素,浏览者的视线将会无所适从,或者导致视线流动偏离设计者的初衷。

(3)网页色彩设计的定位

准确地定位出特定的受众人群是准确定位一个网站设计风格的重要环节之一。设计一个网站的色系时必须要考虑网站的主要信息内容,主要的面向人群的特征,不同的年龄段有不同的喜欢和不同家庭经济状况、经济收入等。设计师在网站配色选择上要了解和关注网站所想表现的市场定位和风格概念,什么样的色彩风格会带给人们什么样的心情。因此,针对不同类型的网站就会有不同的颜色定位,网页设计师只有设身处地地为网站经营者和市场定位人群考虑,才能设计出成功的网页。

通过下面的操作,实现图 3.5.2 所示的石器时代游戏网站首页的效果。

(1)打开 Photoshop 软件,单击【文件】→【新建】命令或按 Ctrl+N 快捷键,新建一个名为"石器时代游戏网站"的 RGB 模式,"宽度"和"高度"分别为 1400 像素和 864 像素,"分辨率"为 72 像素 / 英寸、"背景内容"为"白色"的文件。如图 3.5.1 所示。

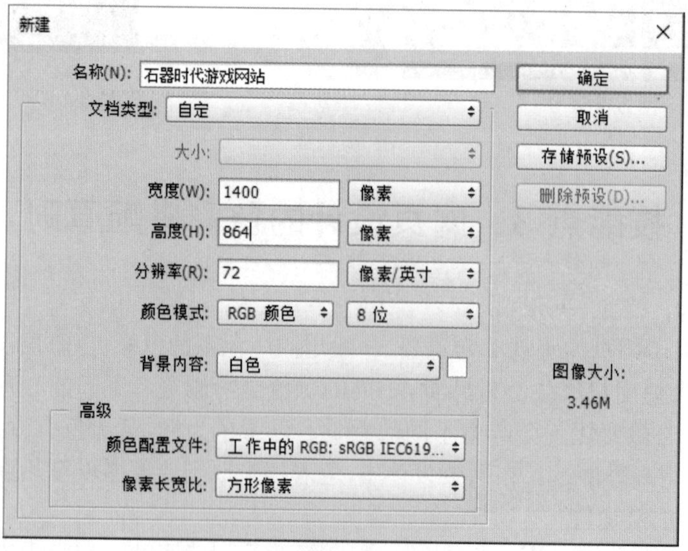

图 3.5.1

（2）置入素材"天空"和"草地"，如图 3.5.2 所示。

图 3.5.2

（3）将素材"草 1"和"恐龙"置入文件，如图 3.5.3 所示。

图 3.5.3

（4）将素材"女孩"置入文件，双击图层打开【图层样式】面板，执行【描边】命令，设置描边大小为 1 像素；位置：居中；填充颜色为 #707070，如图 3.5.4 所示。

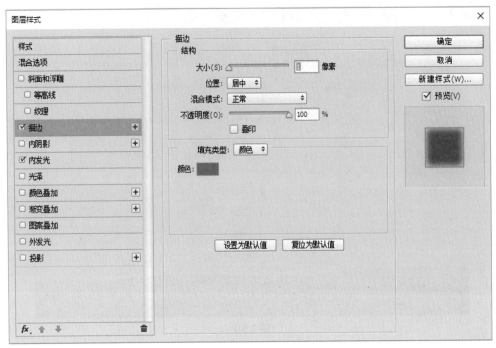

图 3.5.4

（5）继续执行【内发光】命令，混合模式：滤色；填充颜色 #4ac6f6，不透明度为 75％；阻塞：0％；大小：13 像素，如图 3.5.5 所示。

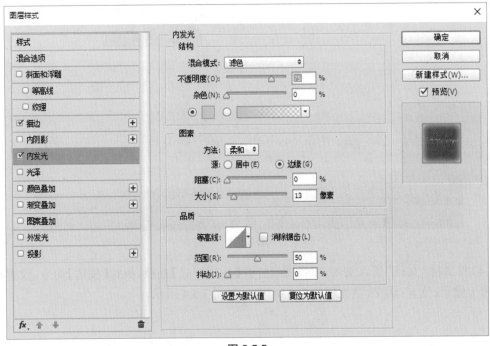

图 3.5.5

（6）效果如图 3.5.6 所示。

图 3.5.6

（7）将素材"篝火"置入文件，如图 3.5.7 所示。

图 3.5.7

（8）将素材"草 2"置入文件，双击图层打开【图层样式】面板，执行【投影】命令，混合模式：正片叠底；填充颜色 #002d7f；不透明度为 50%；角度：90；距离：1 像素；扩展：0%；大小：3 像素，如图 3.5.8 所示。

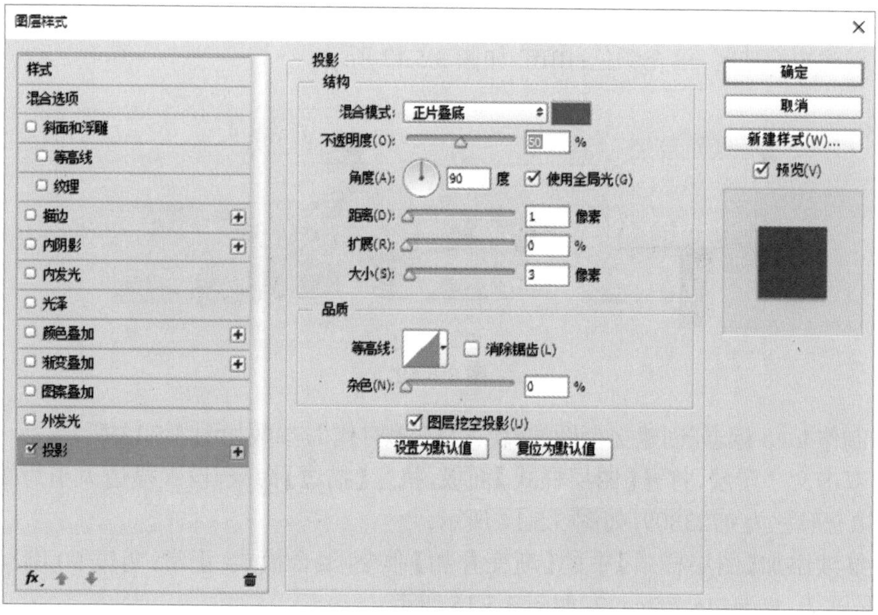

图 3.5.8

（9）效果如图 3.5.9 所示。

图 3.5.9

（10）置入素材"木屋"和"纸"，如图 3.5.10 所示。

图 3.5.10

（11）新建空白图层，选择矩形选框工具 ，设置【羽化】：5 像素，如图 3.5.11 所示。

图 3.5.11

（12）创建矩形选区，填充颜色：ffffff，如图 3.5.12 所示。

图 3.5.12

（13）制作 logo 标志，创建文字图层，键入"石器时代"，参数如图 3.5.13 所示。

（14）双击文字图层，打开【图层样式】面板，执行【描边】命令，设置描边大小为 2 像素；位置：外部；填充颜色为 #723809，如图 3.5.14 所示。

（15）继续添加【图层样式】中的【渐变叠加】命令，混合模式：正常；角度 90 度；渐变色标从左到右依次为：#ede44e、#fecd22，如图 3.5.15 所示。

图 3.5.13

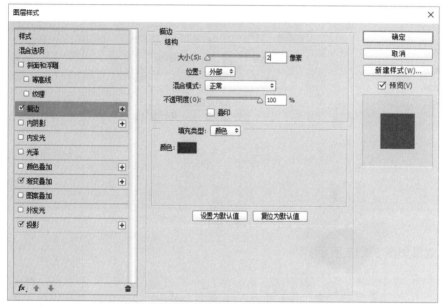

图 3.5.14

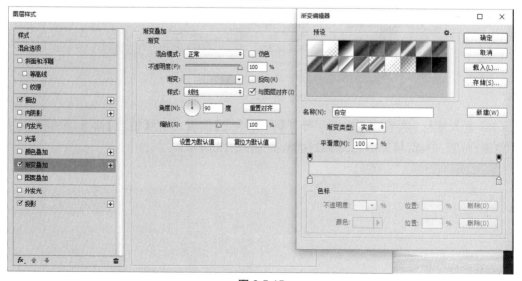

图 3.5.15

（16）继续执行【投影】命令，混合模式：正片叠底；填充颜色 #000000；不透明度为 35％；角度：90，去选"使用全局光"选项；距离：5 像素；扩展：0％；大小：1 像素，如图 3.5.16 所示。

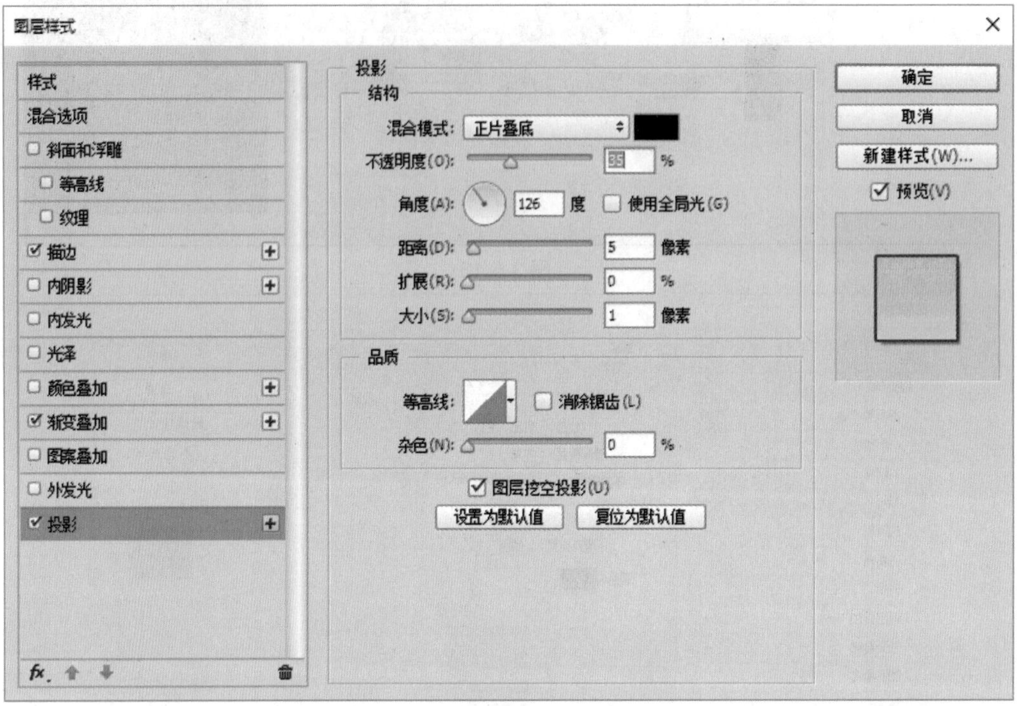

图 3.5.16

（17）效果如图 3.5.17 所示。

图 3.5.17

（18）置入素材"木条"，双击图层打开【图层样式】面板，执行【描边】命令，设置描边大小为 1 像素；位置：内部；填充颜色为 #321d0a，如图 3.5.18 所示。

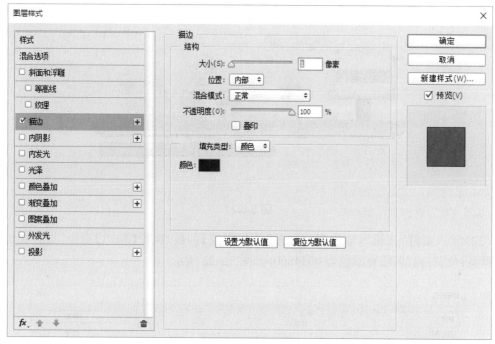

图 3.5.18

（19）效果如图 3.5.19 所示。

图 3.5.19

（20）置入素材"藤条"，并将图层置于"木条"下方，如图 3.5.20 所示。

图 3.5.20

（21）在图层最上方置入素材"导航条"，如图 3.5.21 所示。

图 3.5.21

（22）置入素材"按钮"，双击图层打开【图层样式】面板，执行【描边】命令，设置描边大小为 1 像素；位置：内部；填充颜色为 #034800，如图 3.5.22 所示。

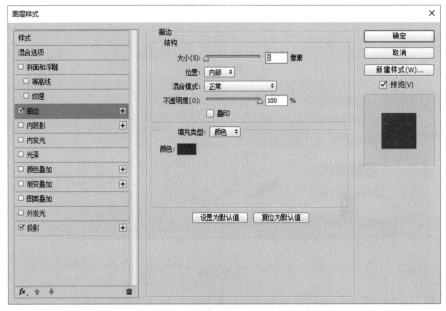

图 3.5.22

（23）执行【投影】命令，混合模式：正片叠底；填充颜色 #000000；不透明度为 75%；角度：90；距离：0 像素；扩展：0%；大小：2 像素，如图 3.5.23 所示。

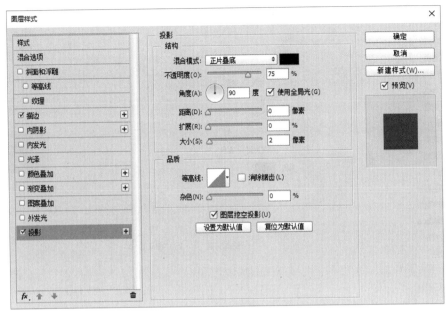

图 3.5.23

（24）效果如图 3.5.24 所示。

图 3.5.24

（25）新建文字图层，键入导航内容，参数如图 3.5.25 所示。

图 3.5.25

（26）选择该图层，双击图层打开【图层样式】面板，执行【描边】命令，设置描边大小为 2 像素；位置：外部；填充颜色为 #3a1c00，如图 3.5.26 所示。

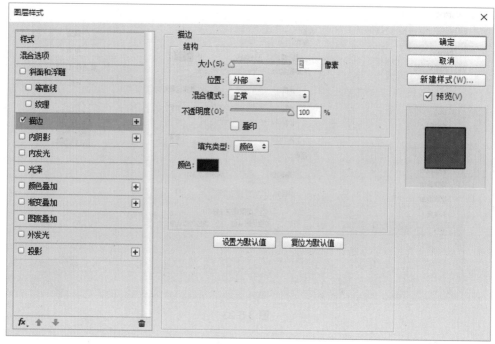

图 3.5.26

（27）继续执行【图层样式】中的【渐变叠加】命令，混合模式：正常；角度 90 度；渐变色标从左到右依次为：#ffa91b、#fff914，如图 3.5.27 所示。

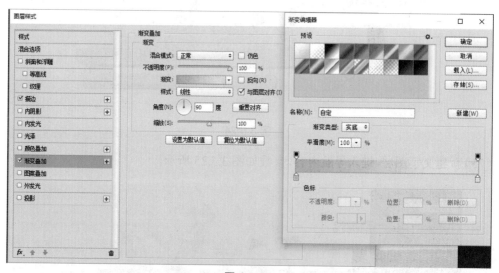

图 3.5.27

（28）继续执行【投影】命令，混合模式：正常；填充颜色 #000000；不透明度为 50%；角度：90；距离：1 像素；扩展：0%；大小：5 像素，如图 3.5.28 所示。

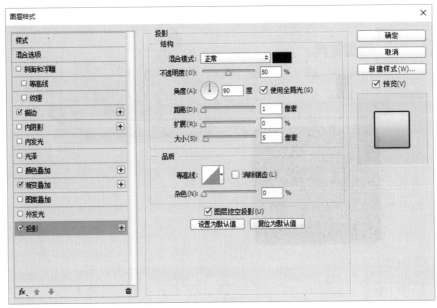

图 3.5.28

（29）效果如图 3.5.29 所示。

图 3.5.29

（30）按照上述操作，将导航其余选项制作完成，如图 3.5.30 所示。

图 3.5.30

（31）置入素材"背景框 1"，如图 3.5.31 所示。

图 3.5.31

（32）用【圆角矩形工具】创建宽度 340 像素，高度 303 像素，圆角半径 10 像素的圆角矩形，填充颜色 #ded4b8，并且将图层命名为"背景"如图 3.5.32 所示。

图 3.5.32

（33）选择"背景"图层，双击图层打开【图层样式】面板，执行【描边】命令，设置描边大小为 2 像素；位置：居中；填充类型：渐变；渐变色标从左到右依次为：#400000、#b0875e，样式：线性；角度：-90 度，如图 3.5.33 所示。

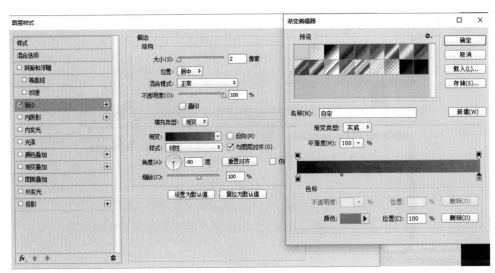

图 3.5.33

（34）继续执行【内阴影】命令，混合模式：正片叠底；填充颜色 #000000；不透明度为 75%；角度：90；距离：1 像素；扩展：0%；大小：5 像素，如图 3.5.34 所示。

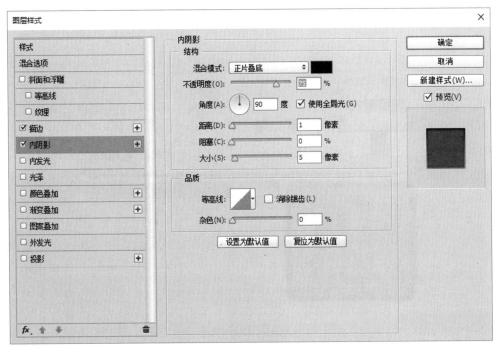

图 3.5.34

（35）效果如图 3.5.35 所示。

图 3.5.35

（36）置入素材"底纹 1"，选择该图层点击鼠标右键执行【创建剪贴蒙版】命令，如图 3.5.36 所示。

图 3.5.36

（37）用【圆角矩形工具】创建宽度 310 像素，高度 112 像素，圆角半径 5 像素的圆角矩形，填充颜色 #e0faff，选择该图层点击鼠标右键执行【创建剪贴蒙版】命令，如图 3.5.37 所示。

图 3.5.37

（38）将圆角矩形图层复制两次，依次选择拷贝图层点击鼠标右键执行【创建剪贴蒙版】命令，如图 3.5.38 所示。

图 3.5.38

（39）置入素材"游戏 1"，选择该图层点击鼠标右键执行【创建剪贴蒙版】命令，如图 3.5.39 所示。

图 3.5.39

（40）新建文字图层，键入文本内容，如图 3.5.40 所示。

图 3.5.40

（41）置入素材"叶子"，如图 3.5.41 所示。

图 3.5.41

（42）置入素材"背景框 2"，如图 3.5.42 所示。

图 3.5.42

（43）分别 置入素材"纸 2""banner""叶子 2"和"叶子 3"，如图 3.5.43 所示。

图 3.5.43

　　（44）置入素材"输入框"，双击图层打开【图层样式】面板，执行【描边】命令，设置描边大小为 1 像素；位置：内部；填充颜色为 #773112，如图 3.5.44 所示。

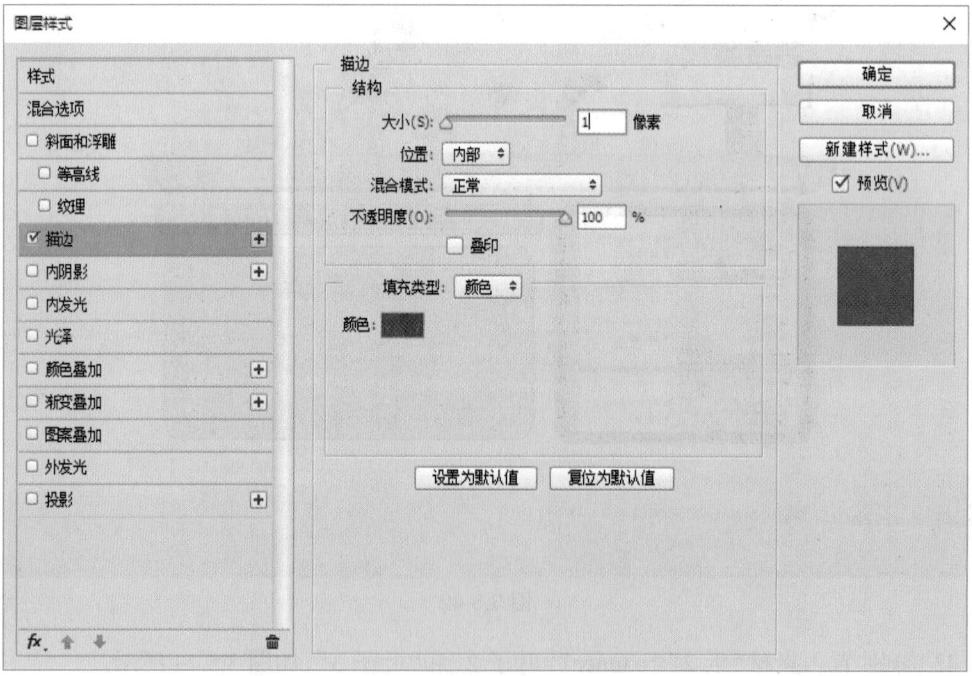

图 3.5.44

　　（45）继续置入素材"输入框 2"和"输入框 3"，为它们创建与"输入框"相同的描边效果，效果如图 3.5.45 所示。

图 3.5.45

（46）用【矩形工具】  创建"随机码"提示区域,填充颜色:#777777,效果如图 3.5.46 所示。

图 3.5.46

（47）创建文字图层,键入文本内容,效果如图 3.5.47 所示。

图 3.5.47

（48）置入素材"按钮 2",如图 3.5.48 所示。

图 3.5.48

（49）创建文字图层,键入文本"登录",双击图层打开【图层样式】面板,执行【描边】命令, 设置描边大小为 1 像素;位置:外部;填充颜色:#487c09,如图 3.5.49 所示。

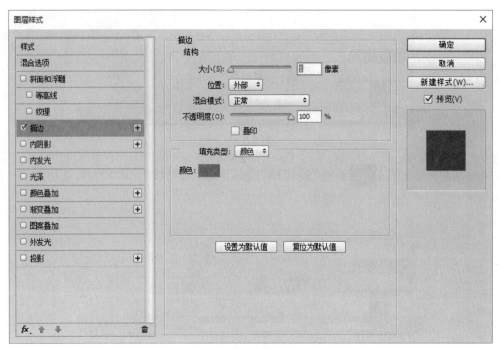

图 3.5.49

（50）创建文字图层，键入文本"注册"，双击图层打开【图层样式】面板，执行【描边】命令，设置描边大小为 1 像素；位置：外部；填充颜色为 #8a2902，如图 3.5.50 所示。

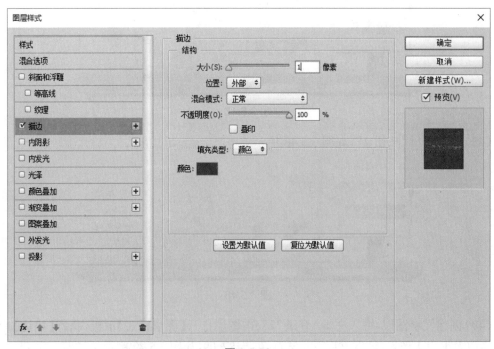

图 3.5.50

（51）效果如图 3.5.51 所示。

图 3.5.51

（52）用【圆角矩形工具】创建宽度 710 像素，高度 56 像素，圆角半径 5 像素的圆角矩形，填充颜色 #000000，如图 3.5.52 所示。

图 3.5.52

（53）选择该圆角矩形图层，双击图层打开【图层样式】面板，执行【描边】命令，设置描边大小为 1 像素；位置：居中；填充颜色为 #e2c581，52. 如图 3.5.53 所示。

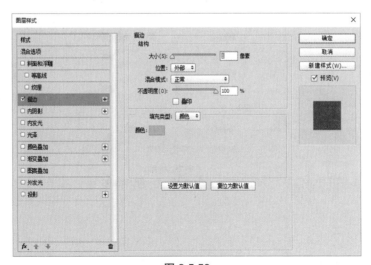

图 3.5.53

（54）继续添加【图层样式】中的【内阴影】命令，混合模式：正片叠底；填充颜色 #e49962；不透明度为 75%；角度：90；大小：21 像素，如图 3.5.54 所示。

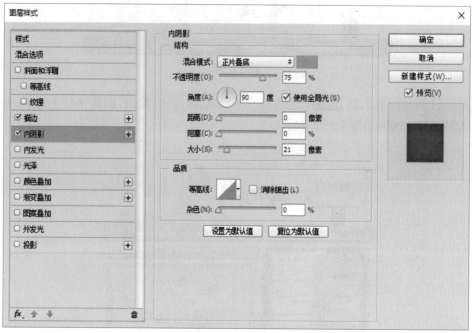

图 3.5.54

（55）继续执行【投影】命令，混合模式：正片叠底；填充颜色 #000000；不透明度为 90%；角度：90；距离：0 像素；扩展：0%；大小：5 像素，如图 3.5.55 所示。

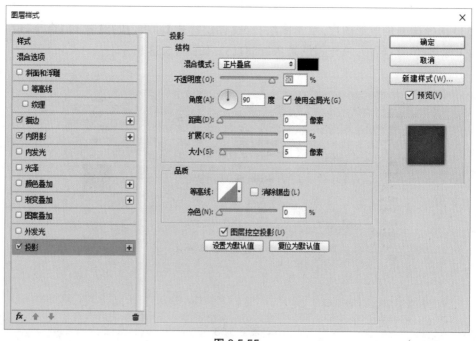

图 3.5.55

（56）效果如图 3.5.56 所示。

图 3.5.56

（57）置入素材"图标 1"和"图标 2"；创建文字图层，键入版权信息和底部导航内容，网站首页最终完成效果如图 3.5.57 所示。

图 3.5.57

本任务通过对游戏类网站界面设计的学习,了解了界面设计在游戏类网站中的意义,对游戏类网站的分类、色彩搭配原则有了初步了解,并且通过实践操作对游戏类网站界面的设计表现方法有进一步认知。

设计一款网络游戏的首页界面,要求视觉效果突出,版面内容丰富,色彩协调统一。

项目四　校园类网站首页设计

因为计算机、通信和多媒体技术的不断迅速发展,让网络上的应用变得更加丰富。对校园类网站设计提出进一步的要求是为了满足多媒体教学和办公管理等方面的需求。为了适应当前网络技术的发展趋势并满足学校各方面的应用需求,一个高效、实用且美观的校园网站建设是必不可少的。通过滨海软件学院首页设计,学习校园类网站相关知识,了解此类网站设计的网页布局和色彩搭配。在任务实现过程中:

- 了解校园类网站的概念。
- 理解校园类网站的功能。
- 理解校园类网站界面的设计原则。
- 理解校园类网站的色彩搭配原则。
- 通过实践掌握校园类网站页面的设计表现方法。

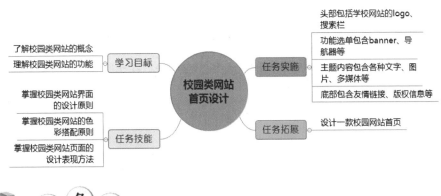

【情境导入】
学校网站是学校信息化建设的重要组成部分,是外界社会了解学校精神、文化、科研、教

学、服务等诸多领域的重要"窗口"。对学校网站界面可用性设计的研究,可以优化学校网站界面结构、提高建站质量和用户满意度,有利于提升学校的整体社会形象,促进学校与社会各界之间的相互交流与合作。本次任务主要是实现滨海软件学院网站的首页设计。

【功能描述】

- 使用校园类网站版式的常用结构类型来设计网站界面。
- 头部包括学校网站的 logo、搜索栏。
- 功能选单包含 banner、导航器等。
- 主题内容包含各种文字、图片、多媒体等。
- 底部包含友情链接、版权信息等。

【基本框架】

校园类网页的布局基本上分为上中下、左中右、左右、上下与上下左右混合等几类。同时我们还要思考分辨率与网页大小的关系,现在大部分的显示器都是 1024 px×768 px 以上的分辨率,所以在进行页面设计的时候还要考虑合理的宽度对比。本案例基本框架如图 4.3.1 所示。通过本次任务的学习,能将框架图 4.3.1 转换成效果图 4.3.2 所示。

图 4.3.1

图 4.3.2

技能点 1　校园类网站的概念

　　校园类网站,简而言之就是指学校内部各类网站、信息系统的总和,是学校内部校园资讯对外与互联网信息资源实现交互、共享的输入口和接收口。通常来说,校园网站一般是由作为形象框架的门户网站和作为内容主体的二级页面共同组成的。

校园类网站与其他类别的商业网站最大的不同点为：它不以盈利为目的，它没有商业网站的庞杂信息量、充斥娱乐性等常见网站特质，校园类网站的界面设计通常呈现得都很直观，它无关娱乐、不涉及广告，秉承"需求为先，教育为本，技术为用"的宗旨，向它的用户提供准确有用且高效的信息。校园类网站的用户与其它网站不同，校园网站的用户一般包括三大类别：学生用户、教职工、校外用户。作为校园类网站，它的栏目设置和信息发布内容具有一定的局限性，一般只涉及学校相关的新闻动态、校园机构设置、学校内部的教学、考试招生等各项信息内容，它不仅为本校的师生提供信息服务，同时它也是高校对外宣传的窗口。

技能点 2　校园类网站的功能

校园类网站是学校信息化建设的窗口，它由多媒体元素组成，以网络传播的方式展示着学校的信息资源。它在实现各个信息系统之间数据的实时访问和更新的同时，也将学校的各类信息应用系统，完美地融合在一起，为用户提供着人性化的互联网信息服务。

随着网络这一媒介日益飞速的发展，校园网站已成为学校的"网络名片"，它是学校在互联网世界的整体形象展现，是展示学校的办学特色、丰富校园文化内涵、彰显学校气质品位的一个重要窗口。一所学校的网站建设质量与水平高低，直接关系到该校的教学、科研、文化、精神、教学、服务等诸领域的社会形象。简而言之，校园网站是依托于校园网络这一背景而建立起来的，它是学校内部传递通知、信息公告最便捷的公共窗口，它是利用校园网络这一优势而很有利地进行对外形象宣传的窗口，它是学校师生利用校园网络来获取校内资源信息和互联网资源信息的重要输入口和接收口，它是学校深入推进信息化建设的最有力的先行者和最重要的组成部分，它更是学校利用校园网络来进行信息化教学、服务、管理、科研的网络平台。

技能点 3　校园类网站页面的设计原则

1　主次分明，突出重点

一个页面上，必然要考虑视觉中心。这个中心一般在屏幕的中央，或者在中间偏上的部位。因此，一些重要的文章和图片可以安排在这个部位，在视觉中心以外的地方就可以安排那些稍次要的内容，这样在页面上就突出了重点，做到了主次有别。以清华大学（图 4.4.1）为例，画面中以中上部的文字和图片信息为主导，传达的是网页的主题形象；具体的站内内容信息是次要部分，位于画面下部。

图 4.4.1

2　大小搭配，错落有致

较长的文章或标题不要编排在一起，要有一定的距离；同样地，较短的文章也不能编排在一起。图片的安排也是这样，要互相错开，使大小之间有一定的间隔，这样可以使页面错落有致，避免重心的偏离。以中国人民大学（图 4.4.2）首页为例，整幅画面是由一张底图铺底，配合文字、标题及设计感很强的几个色块还有 logo 等元素实现大小主次搭配，营造出了良好的画面气氛。

图 4.4.2

3　图文并茂,生动活泼

　　文字和图片具有一种相互补充的视觉关系,页面上文字太多,就显得沉闷,缺乏生气。页面上图片太多,缺少文字,必然就会减少页面的信息容量。因此,最理想的效果是文字与图片的密切配合,互为衬托,既能使页面生动活泼,又能丰富页面的内容。以加拿大湖首大学(图 4.4.3)为例,图文搭配,相辅相成,组合传达画面信息,既能节省文字描述又能够直观地说明想要传达的信息,直接而具体。

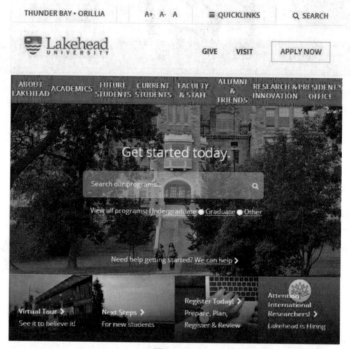

图 4.4.3

技能点 4　校园类网站的色彩搭配原则

1　网页配色的鲜明性

　　一般学校的网页色彩要鲜艳明亮,能用有彩色的就不用无彩色,这样容易引人注目。有关实验表明,有彩色的记忆效果是无彩色的 3~5 倍。也就是说,彩色网页比完全黑白的网页更能吸引人的注意。

2　网页配色的独特性

　　在网站云集的互联网,一个学校网站的网页色彩只有与众不同、独一无二,才能给浏览者留下深刻的印象。尤其在同类的校园网站中,色彩搭配一定要符合学校的办学风格、人文气息,同时独特性也很重要。

3　网页色配色的针对性

学校因其办学属性的不同,网页当然也是各种各样的,不同类别的学校网页色彩也有较大的区别,所以设计者在使用色彩时,要有针对性,要能体现出该学校的特色。比如师范类学校在色彩搭配上要稳重大气;中小学校园网站可以选择青春活泼的配色;艺术类院校可以尝试时尚前卫的色彩搭配风格。

4　网页色配色的相关性

校园网站色彩要与网站的主题相关联。不同的色彩有不同的象征意义,不同的色彩给人的心理感受也不同。所以不同的网站在选择色彩时,要充分考虑色彩的象征意义和人们的心理感受;同时也要考虑学校外在形象的标准色,一般的校园类网站设计要与校徽使用的标准色协调统一起来。

5　网页色配色的舒适性

校园网站的色彩设计要利于访问者对大量网页信息浏览的同时,尽量减少屏幕刺激,减轻视觉疲劳。文本要易于阅读,图像要易于区别。这就要考虑网页中图形和文字色彩的舒适性。

通过下面的操作,实现图 4.3.2 所示的门户网站界面的效果。

(1)打开 Photoshop 软件,单击【文件】→【新建】命令或按 Ctrl+N 快捷键,新建一个名为"滨海软件学院"的 RGB 模式,"宽度"和"高度"分别是 1308 像素和 1844 像素,"分辨率"为72 像素 / 英寸、"背景内容"为"白色"的文件。如图 4.5.1 所示。

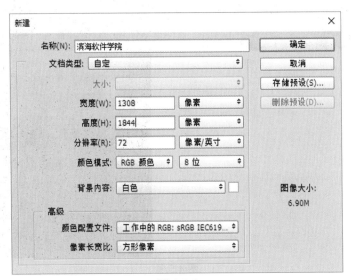

图 4.5.1

（2）新建一个文件夹组，命名为"顶部"，在组内用【矩形工具】■创建宽度 1308 像素，高度 568 像素的矩形置于画面最上方，并且将图层命名为"矩形 1"，如图 4.5.2 所示。

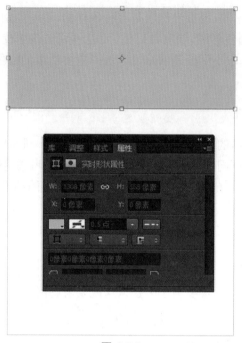

图 4.5.2

（3）置入"banner"素材于"矩形 1"图层上方，右键执行【创建剪贴蒙版】命令，如图 4.5.3 所示。

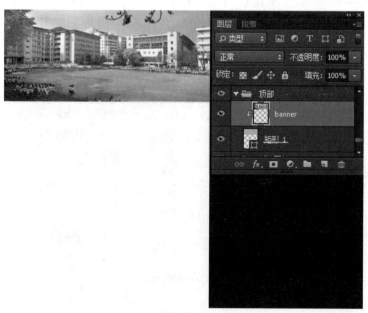

图 4.5.3

（4）用【圆角矩形工具】█创建宽度 1002 像素，高度 88 像素，圆角半径 10 像素的圆角矩形；填充颜色为 #ffffff；修改图层不透明度调整为 90%，如图 4.5.4 所示。

图 4.5.4

（5）在"顶部"组内创建子文件夹组，命名为"导航"，用【圆角矩形工具】█在该组内创建宽度 166 像素，高度 32 像素，圆角半径 2 像素的圆角矩形；填充颜色 #0853ec；修改图层不透明度调整为 90%，如图 4.5.5 所示。

图 4.5.5

（6）将该圆角矩形图层复制 5 次，如图 4.5.6 所示。

图 4.5.6

（7）创建导航的文本内容，填充颜色 #ffffff，如图 4.5.7 所示。

图 4.5.7

（8）置入素材"校徽"，并创建文字图层，键入"滨海软件学院"，如图 4.5.8 所示。

图 4.5.8

（9）在"顶部"组内创建子文件夹组，命名为"搜索"，用【矩形工具】▬在该组内创建宽度 246 像素，高度 28 像素，填充颜色 #ffffff 的矩形，双击图层打开【图层样式】面板，执行【描边】命令，设置描边大小为 1 像素；位置：外部；填充颜色为 #c7c7c7。并置入素材"home 图标"，效果如图 4.5.9 所示。

图 4.5.9

（10）继续创建"搜索图标"和填充颜色为 #ff8b19 的矩形；并且新建文字图层，键入"搜索"，效果如图 4.5.10 所示。

图 4.5.10

（11）在"顶部"组内创建子文件夹组，命名为"校训"，在子文件夹组内用【椭圆工具】 创建宽度 218 像素，高度 218 像素的正圆；填充颜色为 #f4bb59，修改图层不透明度调整为 70%，如图 4.5.11 所示。

图 4.5.11

（12）复制图层。并且修改填充颜色为 #0fe8c2，如图 4.5.12 所示。

图 4.5.12

（13）用【直线工具】 ✐ 创建两条粗细为 2 像素的直线，填充颜色为 #ffffff，将图层不透明度调整为 70%，如图 4.5.13 所示。

图 4.5.13

（14）新建文字图层，键入"校训"，填充颜色 #ff8b19，如图 4.5.14 所示。

图 4.5.14

（15）选择该文字图层，双击该图层打开【图层样式】面板，执行【描边】命令，设置描边大小为 2 像素；位置：外部；填充颜色为 #ffffff，如图 4.5.15 所示。

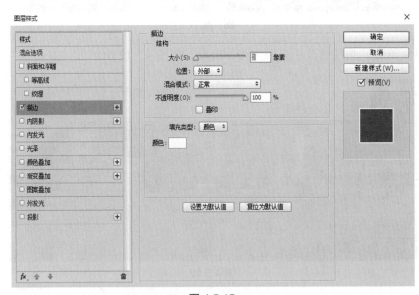

图 4.5.15

（16）继续执行【投影】命令，混合模式：正片叠底；填充颜色 #000000；不透明度为 75%；角度：30；距离：5 像素；扩展：0%；大小：5 像素，如图 4.5.16 所示。

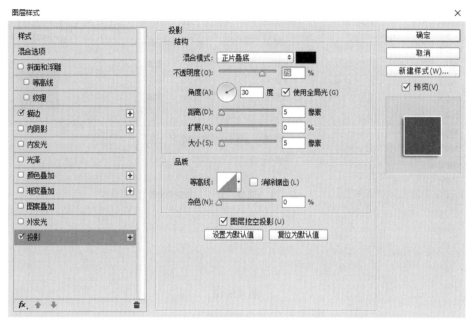

图 4.5.16

（17）效果如图 4.5.17 所示。

图 4.5.17

（18）新建文字图层，键入文本内容，填充颜色 #ffffff，选择该文字图层，双击打开【图层样式】面板，执行【投影】命令，混合模式：正片叠底；填充颜色 #000000；不透明度为 75%；角度：30；距离：1 像素；扩展：0%；大小：1 像素，如图 4.5.18 所示。

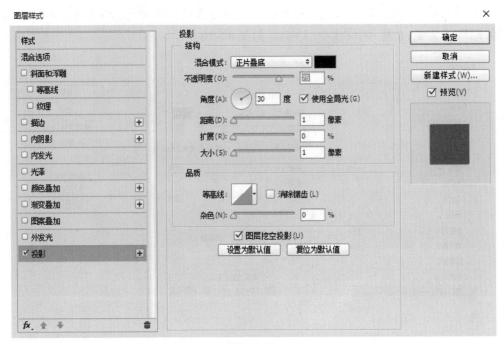

图 4.5.18

（19）效果如图 4.5.19 所示。

图 4.5.19

（20）用【矩形工具】 ，创建 banner 图片切换按钮，分别填充颜色 #ffffff 和 #ff8b19，将按钮不透明度都调整为 80%，如图 4.5.20 所示。

（21）新建一个文件夹组，命名为"最新动态"，在组内用【矩形工具】 创建宽度 1308 像素，高度 180 像素的矩形，置入素材"背景"于该图层上方，点击鼠标右键执行【创建剪贴蒙版】命令，效果如图 4.5.21 所示。

图 4.5.20

图 4.5.21

（22）在"最新动态"文件夹组里创建子文件夹组,命名为"视频",用【矩形工具】 ▓ 创建宽度 300 像素,高度 146 像素的矩形;置入素材"合唱"于该图层上方,点击鼠标右键执行【创建剪贴蒙版】命令,如图 4.5.22 所示。

图 4.5.22

（23）在子文件夹组内用【椭圆工具】 ⬤ 创建宽度 56 像素,高度 56 像素的正圆;填充颜色为 #ffffff,将图层填充值调整为 30%,选择该图层,双击打开【图层样式】面板,执行【描边】命令,设置描边大小为 10 像素;位置:外部;填充颜色为 #ffffff;不透明度 80%,如图 4.5.23 所示。

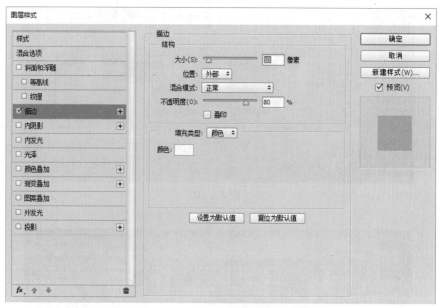

图 4.5.23

（24）用【多边形工具】 ⬢ 创建三角形播放按钮，填充颜色 #ffffff，效果如图 4.5.24 所示。

图 4.5.24

（25）新建文字图层，键入文本内容，并在两个文本版块间加入直线以区分，效果如图 4.5.25 所示。

图 4.5.25

（26）新建一个文件夹组，命名为"新闻中心"，在"新闻中心"文件夹组里创建子文件夹组，命名为"新闻图标"，用【矩形工具】■和【多边形工具】●创建切换按钮，分辨填充颜色#0853ec 和 #ffffff，白色按钮添加【描边】命令，设置描边大小为 1 像素；位置：内部；填充颜色为#c3c3c3。接着创建文本图层，键入按钮文字，效果如图 4.5.26 所示。

图 4.5.26

（27）在"新闻中心"文件夹组里创建子文件夹组，命名为"新闻 1"，在组内用【矩形工具】■创建宽度 72 像素，高度 72 像素的矩形；置入素材"小图 1"，选择"小图 1"图层，点击鼠标右键执行【创建剪贴蒙版】命令，效果如图4.5.27所示。

图 4.5.27

（28）新建文字图层，键入文本内容，如图4.5.28所示。

图 4.5.28

（29）根据上述方法，将新闻公告的其他版块完成，再用虚线装饰版块底部，效果如图4.5.29所示。

图 4.5.29

（30）新建一个文件夹组,命名为"学校简介",在组内用【矩形工具】■创建宽度 342 像素,高度 250 像素的矩形;填充颜色为 #ffffff;双击该图层打开【图层样式】面板,执行【描边】命令,设置描边大小为 1 像素,位置:外部;填充颜色为 #c0c0c0,最后效果如图 4.5.30 所示。

图 4.5.30

（31）用【矩形工具】■创建宽度 342 像素，高度 178 像素的矩形，如图 4.5.31 所示。

图 4.5.31

（32）置入素材"校园风景图"，点击鼠标右键执行【创建剪贴蒙版】命令，效果如图 4.5.32 所示。

图 4.5.32

（33）用【矩形工具】■创建矩形，填充颜色 #0853ec；置入素材"房子"，分别新建文字图层键入标题及正文，效果如图 4.5.33 所示。

图 4.5.33

（34）新建一个文件夹组,命名为"版块链接",在组内用【矩形工具】■创建宽度 1004 像素,高度 116 像素的矩形;填充颜色为 #ebebeb,如图 4.5.34 所示。

图 4.5.34

（35）用【矩形工具】■创建宽度 180 像素,高度 78 像素的矩形;填充颜色为 #2eb8d5,如图 4.5.35 所示。

图 4.5.35

（36）复制矩形 4 次,修改填充颜色,从左到右分别为：#ff8b19、#0a8bef、#52b527、#ecbe1e,如图 4.5.36 所示。

图 4.5.36

（37）置入素材"tv"，双击该图层打开【图层样式】面板，执行【斜面和浮雕】命令，样式：内斜面；方法：平滑；深度：100%；大小：2 像素；阴影角度 30 度；高度 30 度；高光模式：正常；填充颜色：#ffffff；不透明度 0%；阴影模式：正常；填充颜色：#000000；不透明度 5%，如图 4.5.37 所示。

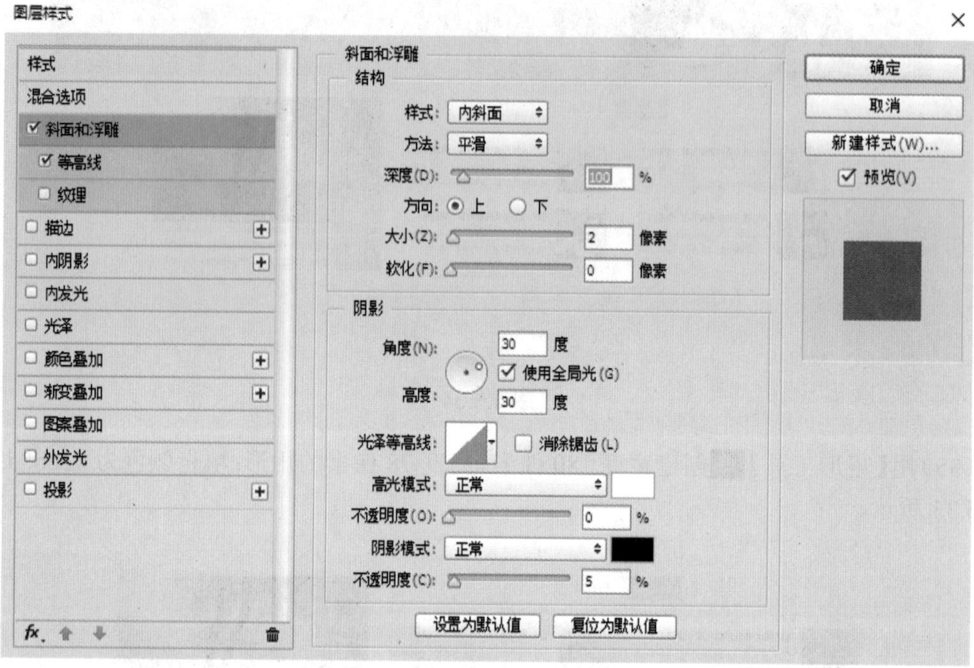

图 4.5.37

（38）执行【描边】命令，设置描边大小为 1 像素，位置：外部；填充颜色为 #000000；不透明度 18%，如图 4.5.38 所示。

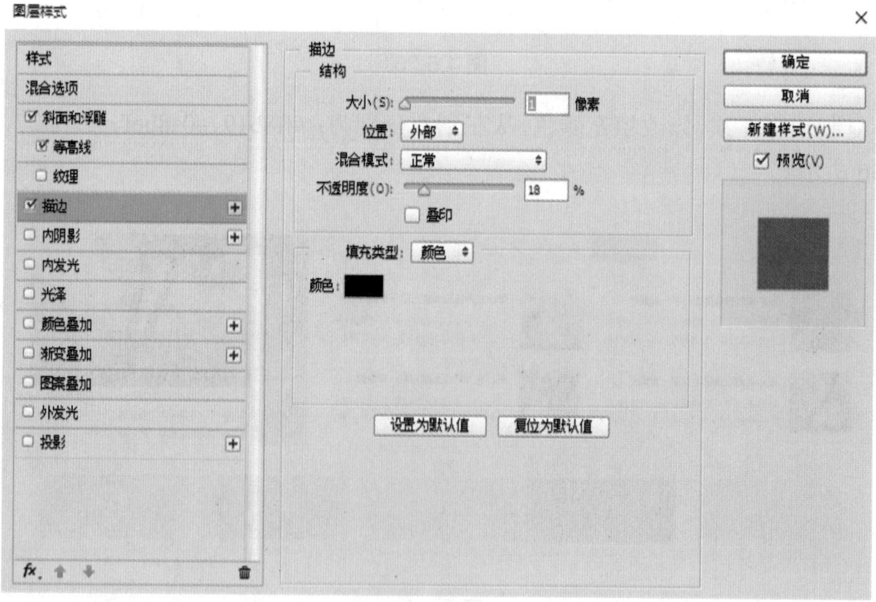

图 4.5.38

（39）执行【内阴影】命令,混合模式:亮光;填充颜色#ffffff;不透明度为32%;角度:30;距离:1像素;扩展:0%;大小:0像素,如图4.5.39所示。

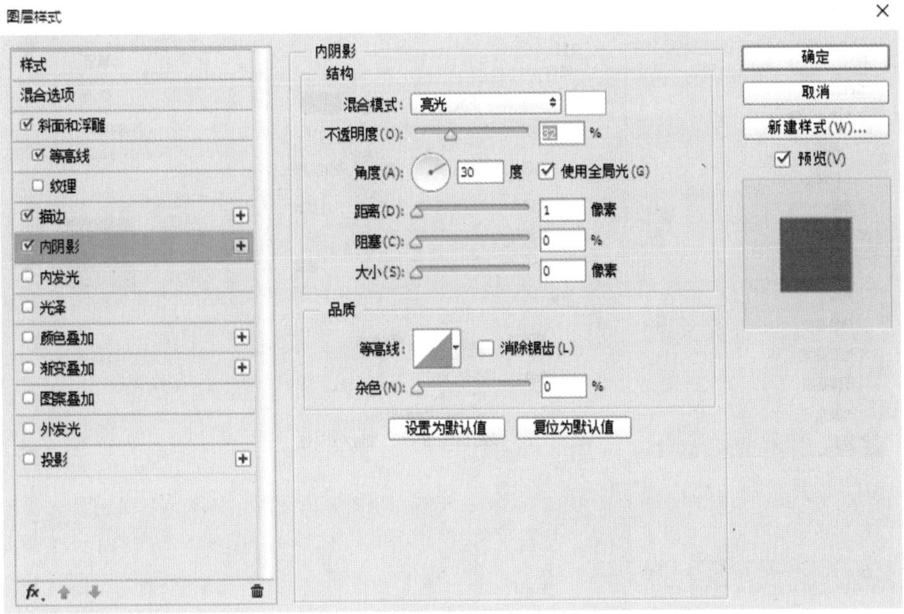

图4.5.39

（40）继续添加【图层样式】中的【渐变叠加】命令,混合模式:正常;不透明度为14%;渐变色标从左到右依次为:#000000、#000000,渐变色标不透明度从左到右分别为为:100%、0%;角度90度,如图4.5.40所示。

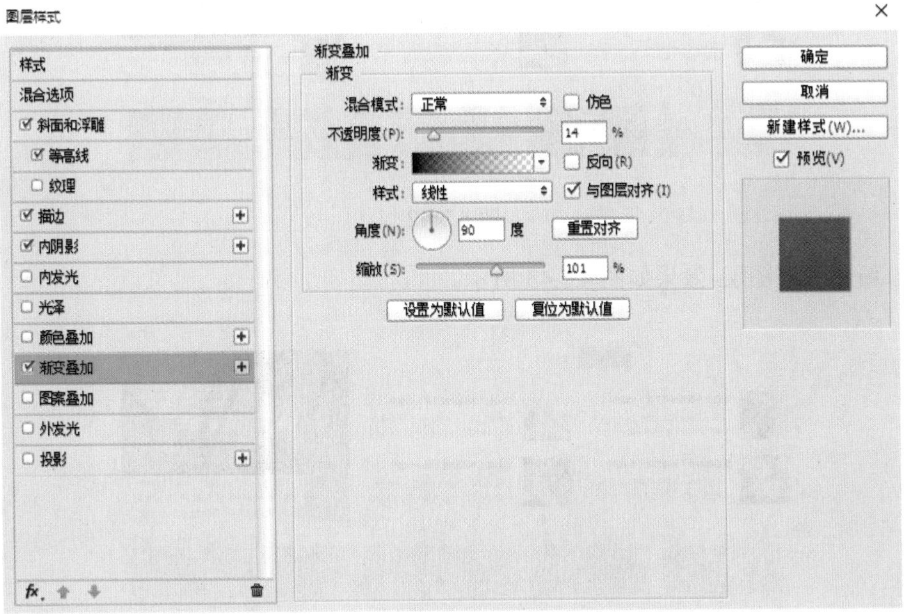

图4.5.40

（41）执行【投影】命令，混合模式：正常；填充颜色 #000000；不透明度为 12％；角度：30；距离：2 像素；扩展：0％；大小：2 像素，如图 4.5.41 所示。

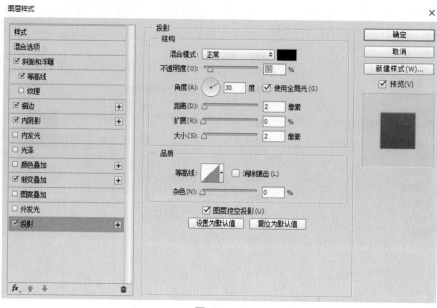

图 4.5.41

（42）效果如图 4.5.42 所示。

图 4.5.42

（43）新建文字图层，效果如图 4.5.43 所示。

图 4.5.43

（44）继续置入图标素材，并且新建文字图层，并且按照上述方法，将剩余的图标拷贝与图层"tv1"相同的【图层样式】效果，如图 4.5.44 所示。

图 4.5.44

（45）置入素材"图标左"和"图标右"，如图 4.5.45 所示。

图 4.5.45

（46）新建一个文件夹组，命名为"新闻"，在"新闻"文件夹组里创建子文件夹组，命名为"news_box1"，在组内用【矩形工具】创建宽度 326 像素，高度 212 像素，填充颜色 #f9faff 的矩形，如图 4.5.46 所示。

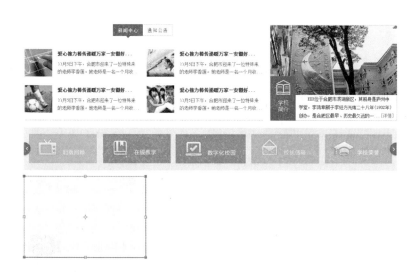

图 4.5.46

（47）置入素材"背景 2"于矩形图层上方，点击鼠标右键执行【创建剪贴蒙版】命令，设置图层不透明度为 6%，效果如图 4.5.47 所示。

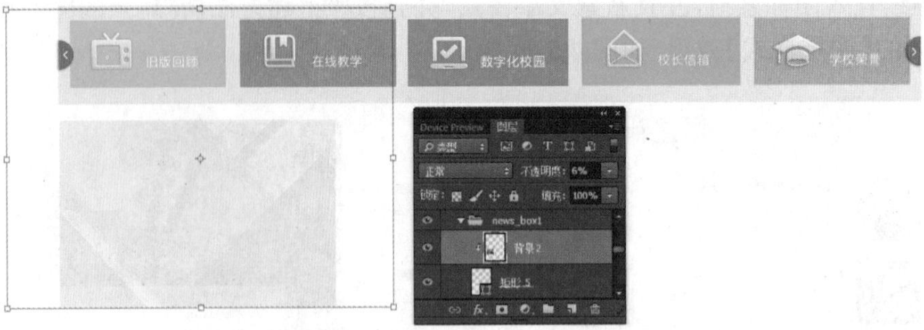

图 4.5.47

（48）置入素材“花朵”，并且用【矩形工具】制作标语下划线；新建文字图层，键入文本内容，效果如图 4.5.48 所示。

图 4.5.48

（49）根据上述方法，将“news_box2”和“news_box3”文件夹组制作完成，效果如图 4.5.49 所示。

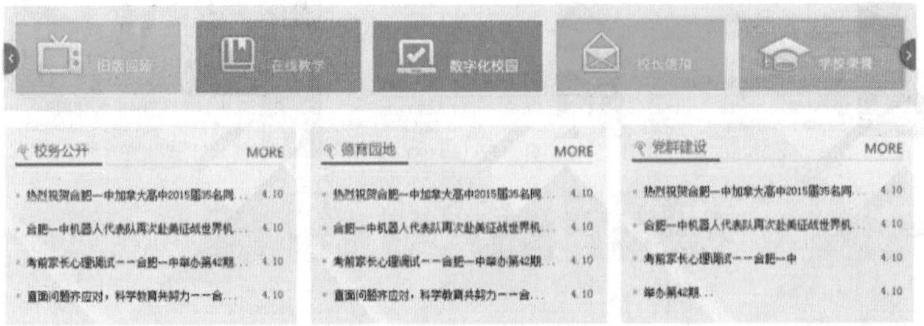

图 4.5.49

（50）新建一个文件夹组，命名为“校园图库”，在组内用【矩形工具】创建宽度 1308 像素，高度 272 像素，填充颜色 #f3f2f2 的矩形，如图 4.5.50 所示。

图 4.5.50

（51）置入素材"校园风景图"于矩形图层上方,点击鼠标右键执行【创建剪贴蒙版】命令,设置图层不透明度为 80%,效果如图 4.5.51 所示。

图 4.5.51

（52）在文件夹组"校园图库"中创建子文件夹组,命名为"标题",在组内用【矩形工具】■创建装饰线,并且新建文字图层,创建"校园图库"版块的主标题和副标题,效果如图 4.5.52 所示。

图 4.5.52

　　（53）在文件夹组"校园图库"中创建子文件夹组，命名为"缩览图 1"，在组内用【矩形工具】■创建宽度 174 像素，高度 116 像素，填充颜色 #ffffff 的矩形，将图层不透明度调整为70％，效果如图 4.5.53 所示。

图 4.5.53

　　（54）用【矩形工具】■创建宽度 170 像素，高度 112 像素，填充颜色 #ffffff 的矩形，与上一步创建的矩形中心对齐，置入素材"校园图库 -1"，点击鼠标右键执行【创建剪贴蒙版】命令，效果如图 4.5.54 所示。

图 4.5.54

（55）按照上述方法，将剩余缩览图组制作完成，如图 4.5.55 所示。

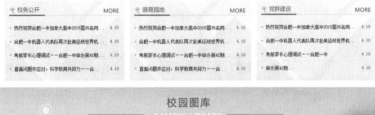

图 4.5.55

（56）新建文字图层，为各个缩览图组创建文字标题，填充颜色 #5f5f5f，如图 4.5.56 所示。

图 4.5.56

（57）新建一个文件夹组，命名为"友情链接"，用【矩形工具】▣ 创建宽度 1308 像素，高度 168 像素，填充颜色 #e9e9e9 的矩形置于画面底部，如图 4.5.57 所示。

图 4.5.57

（58）新建文字图层，键入版块名称"友情链接"，填充颜色 #444444，如图 4.5.58 所示。

图 4.5.58

（59）在文件夹组"友情链接"中创建子文件夹组，命名为"链接 1"，在组内用【矩形工具】▣和【直线工具】╱创建文本框和下拉按钮；并且新建文字图层，键入链接文本内容，填充颜色 #5f5f5f，效果如图 4.5.59 所示。

图 4.5.59

（60）按照上述方法，将剩余链接组制作完成，如图 4.5.60 所示。

图 4.5.60

（61）创建一个新的文件夹组，命名为"彩条"，在组内用【矩形工具】■创建宽度 100 像素，高度 4 像素的矩形，如图 4.5.61 所示。

图 4.5.61

（62）复制矩形，并且填充不同色彩，最后效果如图 4.5.62 所示。

图 4.5.62

（63）创建一个新的文件夹组，命名为"底部"，在组内用【矩形工具】■创建宽度 1308 像素，高度 50 像素的矩形，填充颜色 #232323，并将矩形置于画面底部，如图 4.5.63 所示。

图 4.5.63

（64）新建文字图层，键入版权信息的文本内容，如图 4.5.64 所示。

图 4.5.64

（65）界面最终完成效果如图 4.5.65 所示。

图 4.5.65

本任务通过对校园类网站界面设计的学习,对校园类网站的概念、功能、设计原则及色彩搭配原则有了初步了解,并且通过实践操作对校园类网站界面的设计表现方法有进一步认知。

根据所学知识,自行设计一款校园网站首页界面,要求布局合理,色彩协调,风格简洁活泼。

项目五　个人网站首页设计

随着网络技术的不断发展,网络应用已经渗透到人类社会的各个角落。作为网络世界的支撑点的网站,更是人们关注的热点。越来越多的人希望拥有个人网站,开辟网络世界的一片天地。Internet 的开放性使个人建立自己的网站成为可能。通过实现 SEE ME 个人网站首页的设计,学习个人网站界面设计的相关知识和设计表现方法。在任务实现过程中:

- 了解个人网站的概念。
- 理解个人网站的设计原则。
- 理解个人网站的设计流程。
- 通过实践掌握个人网站页面设计的表现方法。

【情境导入】

个人网站除了具有传播信息的功能外,还代表个人的形象。因此,个人网站设计对网页界面的艺术性提出了更高的要求。"Home Page"(主页)的设计至关重要,是网站整体风格和内容的体现,既要美观,又要主题鲜明、内容新颖,才能吸引浏览者。作为网页界面设计者,要理解人们通过网络交换信息时所需要的相互关联的问题点和特性,使之体系化,使浏览者能够在良好的环境下更便利地应用网络。与其他界面设计相同的是,网页界面设计的核心要素是使用的便利性和美学层面的设计。本次任务主要是实现 Seeme 个人网站的首页设计。

【功能描述】

● 左通栏包括 logo 和一级导航。

● 右通栏包括标签及版块内容。

【基本框架】

个人网站的结构布局比较自由,主要依据网站的主题进行定位,合理布局各个版块。本项目基本框架如图 5.3.1 所示。通过本次任务的学习,能将框架图 5.3.1 转换成效果图 5.3.2所示。

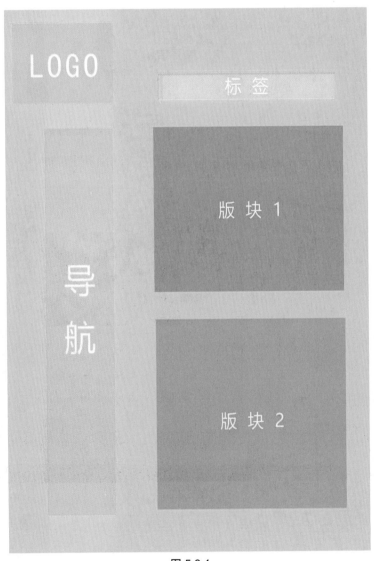

图 5.3.1

图 5.3.2

技能点 1　个人网站的概念

个人网站是指个人或团体因某种兴趣、拥有某种专业技术、提供某种服务或把自己的作品、商品展示销售而制作的具有独立空间域名的网站。个人网站一直是多元化互联网世界的一支重要力量,它是以一个人为中心、不需要强大的资历背景,且低成本运作,因此个人网站多属于草根类型,吸引了众多爱好者和追随者。目前最流行的一类是根据个人爱好设置的个人网站,这类网站是给个人一个展示自我的空间,同时利用制作页面来达到熟悉网站制作的目的;有一类是网站的内容基本上与计算机的软硬件有关,也会拿如何制作网站、各类软件和图片下载来当内容的;还有一类就是在内容上力求单一,在未来发展上力求商业化的网站,这类网站通过广告宣传,推销商品等营销手段,达到网上开店的目的。这类个人网站随着电子商务的普及,具有广泛的市场与前景。

技能点 2　个人网站的设计原则

(1)导航清晰,布局合理,层次分明。页面的链接层次不要太深,尽量让用户用最短的时间找到需要的资料。

(2)保持统一的风格,有助于加深访问者对你的网站的印象。要实现风格的统一,不一定要把每个栏目做得一模一样,举个例子来说,你可以尝试让导航条样式统一,各个栏目采用不同的色彩搭配,在保持风格统一的同时又为网站增加一些变化。

(3)色彩和谐、重点突出。在网页设计中,根据和谐、均衡和重点突出的原则,将不同的色彩进行组合、搭配起来构成美观的界面。

(4)界面力求干净清爽,要吸引访问者长时间的停留在你的网站,千万不能让用户第一眼就感觉压抑。大量的文字内容要使用舒服的背景色,前景文字和背景之间要对比鲜明,这样访问者浏览时眼睛才不致疲劳。适当的留白可以让界面更清爽。

(5)坚持原创。刚开始学做主页时,适当模仿别人的优秀设计是可取的,但模仿绝不等同于抄袭,一定要把握好其中的尺度。设计是这样,内容的选取也是如此,多一些原创的内容,你的主页才会带有更多的个性色彩。

(6)动态效果不宜太多。适当的动态效果可以起到画龙点睛的作用,过多的动态效果会让人眼花缭乱而抓不住主题。

技能点 3　个人网站的设计流程

1　确定网站主题

制作个人网站，首先必须弄清的就是网站核心内容问题是什么，即确定网站的主题。首先应作自己比较熟悉和擅长的、具有一定专业知识的或者掌握较多信息和资料的；其次，是自己比较热爱的、感兴趣的。这样，当你设计制作网站时，就可以以此为主题，围绕自己熟悉、擅长和感兴趣的主题内容，最大限度地调动你的主观能动性，全力激发你的创作激情，深入挖掘你的想象力，尽情表达你的想法，从而建立一个个性鲜明、独具匠心的个人网站。在确定个人网站主题时，而应立足个人网站的功能，尽可能确定一个精确而清晰的主题，切忌贪大求全、包罗万象，否则就会失去个人网站的特色，也会给网站的及时更新带来困难。

2　规划界面内容

一个网站的设计成功与否，很大程度上决定于设计者的规划水平。界面是引导浏览者驻足网站的第一道门。设计一个好的网站界面，要解决好的一个关键问题就是版块设定的科学性。要以网站的主题内容为基点，合理地设定网站的版块，使版块成为主题的合理承接和有序展开，真正达到主题明确、层次清晰的效果。这就要求设计者在设计制作网站的过程中，首先要把题材和主题内容研究好，在此基础上做好整体策划，先设计总体架构，再研究局部细节，有层次地推进。版块的实质是一个网站的大纲索引，索引应该将网站的主体明确显示出来。在制定版块的时候，要仔细考虑，合理安排，版块如果划分不好的话，就会影响页面框架的调整。在版块编排时，尽可能将网站内最有价值的内容列在版块上，尽可能从访问者角度来编排版块，以方便访问者的浏览和查询。对于一些必要但不重要的辅助内容，则放在较为边缘的位置，以免冲淡主题。优秀的网页，都是设计制作者深思熟虑进行内容创意的结果。因此在设计界面的过程中，必须把创意作为关键，有创意，才能有吸引力。

3　搜集与主题相关的材料

明确了网站的主题以后，你就要围绕主题开始搜集材料了。常言道："巧妇难为无米之炊。"要想让自己的网站有血有肉，能够吸引用户，你就要尽量搜集材料，材料搜集得越多，以后制作网站就越容易。材料既可以从图书、报纸、光盘、多媒体上得来，也可以从互联网上搜集，然后把搜集的材料去粗取精，去伪存真，作为自己制作网页的素材。

4　进行网站形象设计

形象设计主要包括网站的标志、色彩、字体、宣传语等。

（1）网站的标志

网站的标志是网站的性质、内容、特点以及网站拥有者个人素养、品位、个性、理念的综合而抽象的表达。一个好的标志，可以通过自己强烈的视觉冲击力、深刻而丰富的内涵以及高雅的形象,很快抓住读者,在浏览者心中留下深刻印象。个人网站要达到应有的效果,必须在字体变形、字母组合、颜色运用等方面有独辟蹊径的创意。

（2）网站的色彩设计

要设计制作一个有自身特色的网站,色彩的标志性也是一个不容忽视的重要因素。因此,在设计制作个人网站时,首先要确定一个"标志色彩",也就是能够能体现网站形象和延伸内涵的色彩,作为网站标志、标题、主菜单、背景等主色块,给人以整体统一的感觉。而其他色彩大使用,必须建立在与标志色彩协调、搭配的基础上,避免相互冲突,同时也不能喧宾夺主。

（3）网站字体

网站字体分为网站标志的字体、主要栏目的标题字体、正文的字体。网站标志字体一般都是经过艺术设计和标志的整体形象协调一致的变形字体。标题字体一般选用具有个人网站特色的个性化字体。正文的字体一般均使用宋体、仿宋体、楷书、隶书等标准化字体。制作者可以根据自己网站所表达的内涵,选择更贴切的字体。

（4）网站宣传语

网站宣传得也可以说是网站的精神、主题与中心,或者是网站的目标,用一句话或者一个词来高度概括。用富有气势的话或词语来概括网站,进行对外宣传,可以收到比较好的结果。宣传语往往通过横幅广告来体现。

5　制作独具风格的网站界面

当前期准备工作全部完成后,就可以开始着手网站界面的设计,常用的设计软件有:Photoshop、Fireworks、Flash、CorelDraw 等。在设计网站界面的过程中,着重凸显个人风格是十分关键的。"风格"是指站点的整体形象给浏览者的综合感受,包括站点的 CI（标志、色彩、字体、标语）、版面布局、浏览方式、交互性、文字、语气、内容价值等诸多因素,网站的风格既有简约平和、灵动活泼的,也有高雅严肃、规范严谨的。不论哪一种风格的网站,只要你拥有个性化的色彩、技术、文字、布局以及交互方式,让浏览者明确分辨出这是你网站独有的,这就形成了你的网站的独特"风格"。网站的风格,既是设计制作者或拥有者的个性和品位表达,也是对浏览者态度的体现。因此,确定网站风格,必须充分考虑到网站的浏览人群和读者职业背景、文化程度和修养、爱好等,这样才能与浏览者产生共鸣。

通过下面的操作,实现图 5.3.2 所示的个人网站首页的效果。

（1）打开 Photoshop 软件,单击【文件】→【新建】命令或按 Ctrl+N 快捷键,新建一个名为"SEE ME 个人网站"的 RGB 模式,"宽度"和"高度"分别为 1400 像素和 2048 像素,"分辨率"为 72 像素／英寸、"背景内容"为"白色"的文件。如图 5.5.1 所示。

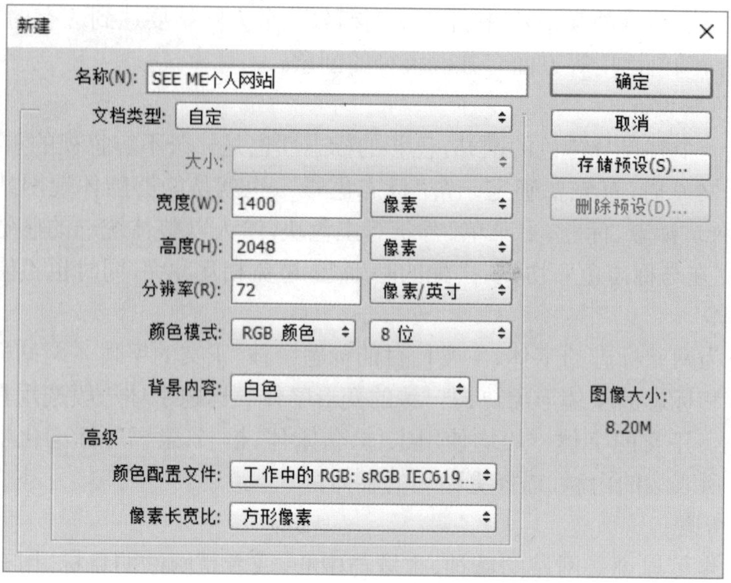

新建 ×

名称(N): SEE ME个人网站   确定

文档类型: 自定 ⬍   取消

大小: ⬍   存储预设(S)...

宽度(W): 1400 像素 ⬍   删除预设(D)...

高度(H): 2048 像素 ⬍

分辨率(R): 72 像素/英寸 ⬍

颜色模式: RGB 颜色 ⬍ 8 位 ⬍

背景内容: 白色 ⬍ □   图像大小:

8.20M

高级

颜色配置文件: 工作中的 RGB: sRGB IEC619... ⬍

像素长宽比: 方形像素 ⬍

图 5.5.1

（2）置入素材"背景图"，如图 5.5.2 所示。

图 5.5.2

（3）新建空白图层，填充颜色 #cfa972，并将"图层混合模式"设为"柔光"，效果如图 5.5.3 所示。

图 5.5.3

（4）将素材"叶子 1""叶子 2"和"叶子 3"置入文件，如图 5.5.4 所示。

图 5.5.4

（5）新建文件夹组"卷轴"，在组内置入素材"卷轴 1""卷轴 2""阴影"和"卷轴 3"，如图 5.5.5 所示。

图 5.5.5

（6）新建文件夹组"绳子 1"，在组内用【椭圆工具】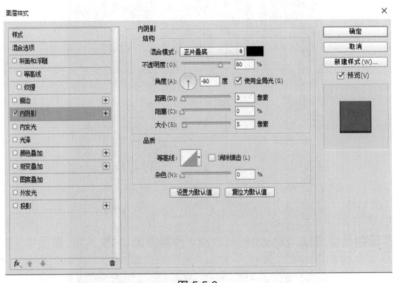创建宽度 20 像素，高度 20 像素的正圆，填充颜色 #6a3906，双击图层打开【图层样式】面板，执行【内阴影】命令，混合模式：正片叠底；填充颜色 #000000；不透明度为 80%；角度：-90；距离：3 像素；阻塞：0%；大小：5 像素，如图 5.5.6 所示。

图 5.5.6

（7）效果如图 5.5.7 所示。

图 5.5.7

（8）置入素材"rope1"和"rope2"，如图 5.5.8 所示。

图 5.5.8

（9）复制文件夹组"绳子 1"，命名为"绳子 2"，效果如图 5.5.9 所示。

图 5.5.9

（10）新建文件夹组"最新"，置入素材"纸片 1"，如图 5.5.10 所示。

图 5.5.10

　　（11）双击"纸片 1"图层，打开【图层样式】面板，执行【投影】命令，混合模式：正片叠底；填充颜色 #000000；不透明度为 60%；角度：129，去选"使用全局光"选项；距离：7 像素；扩展：0%；大小：7 像素，如图 5.5.11 所示。

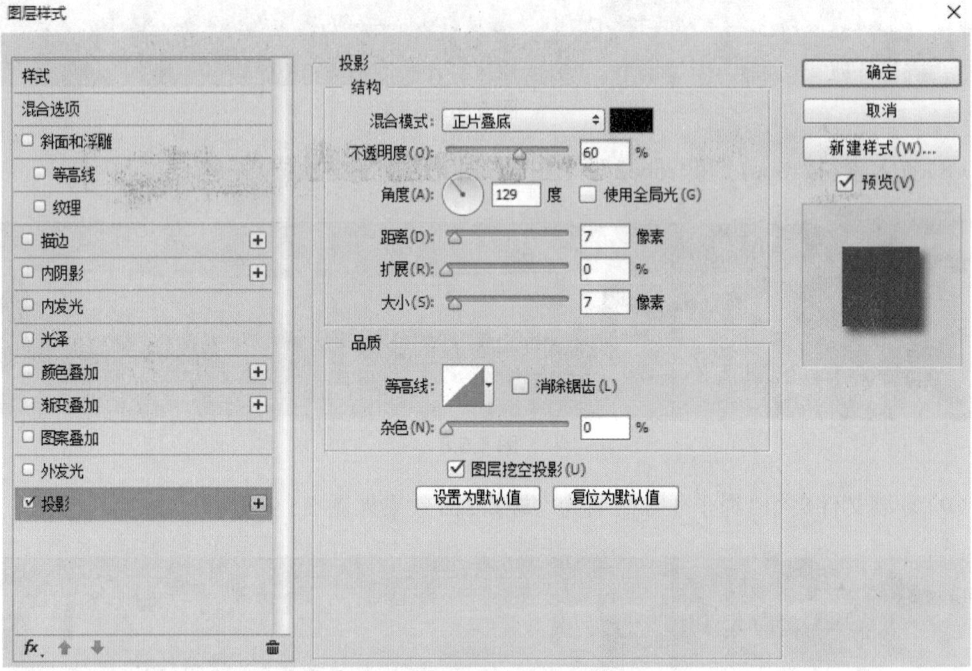

图 5.5.11

　　（12）效果如图 5.5.12 所示。

图 5.5.12

　　（13）用【椭圆工具】创建宽度 12 像素，高度 12 像素的正圆，将图层命名为"图钉"，双击图层打开【图层样式】面板，执行【渐变叠加】命令，混合模式：正常；不透明度：100%；样式：径向；角度 90 度；缩放：150%，渐变色标从左到右依次为：#440d0a、#490a00、#fdbd80、#fedec2；最后将径向渐变的中心向左上方移动，如图 5.5.13 所示。

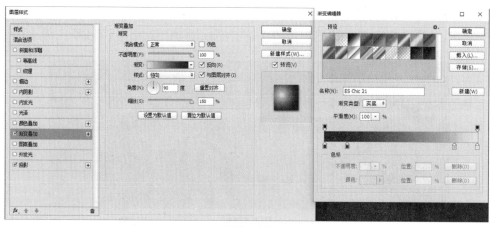

图 5.5.13

（14）执行【投影】命令，混合模式：正片叠底；填充颜色 #000000；不透明度为 75%；角度：120，去选"使用全局光"选项；距离：2 像素；扩展：0%；大小：5 像素，参数如图 5.5.14 所示。

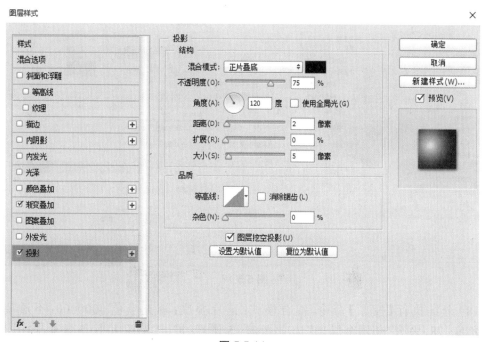

图 5.5.14

（15）效果如图 5.5.15 所示。

图 5.5.15

（16）用【钢笔工具】 绘制形状作为"纸片1"卷起的右下角，命名为"边角"，如图5.5.16所示。

图 5.5.16

（17）选择钢笔工具绘制出的形状图层，执行【渐变叠加】命令，混合模式：正常；不透明度：100%；样式：线性；角度143度；缩放：41%，渐变色标从左到右依次为：#f9e348、#cf8300、#612202，如图5.5.17所示。

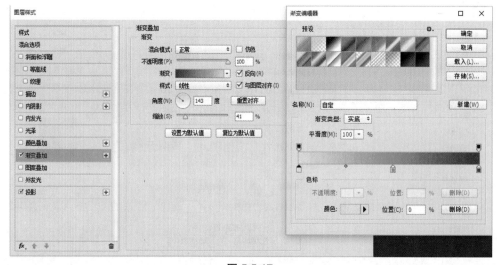

图 5.5.17

（18）继续执行【投影】命令，混合模式：正片叠底；填充颜色#000000；不透明度为50%；角度：78，去选"使用全局光"选项；距离：5像素；扩展：0%；大小：5像素，如图5.5.18所示。

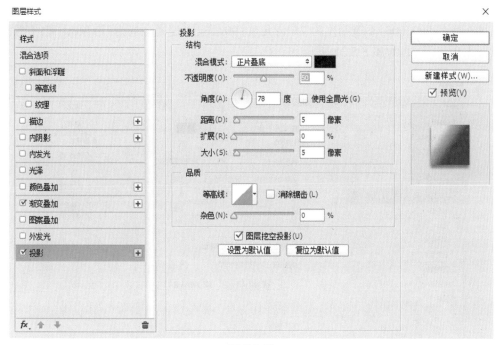

图 5.5.18

（19）效果如图 5.5.19 所示。

图 5.5.19

（20）复制"边角"图层，将图层载入选区，填充颜色 #d8ad5d，并将图层混合模式设为"正片叠底"，如图 5.5.20 所示。

图 5.5.20

（21）置入素材"闹钟"。双击图层打开【图层样式】面板，执行【内阴影】命令，混合模式：叠加；填充颜色#000000；不透明度为75%；角度：90，去选"使用全局光"选项；距离：1像素；阻塞：0%；大小：1像素，如图5.5.21所示。

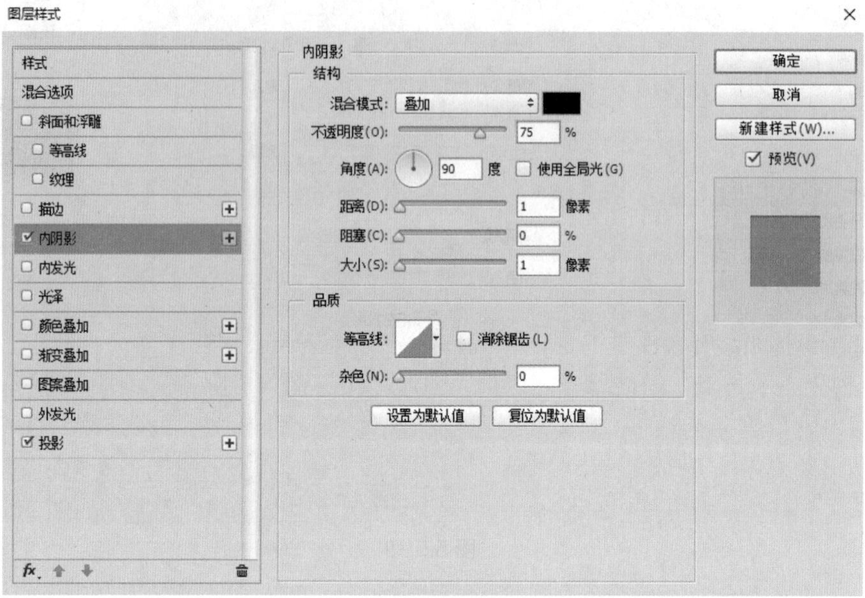

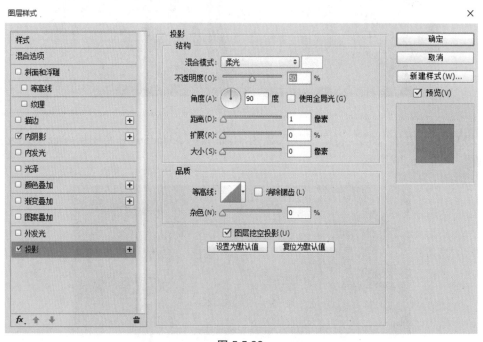

图 5.5.21

（22）继续执行【投影】命令，混合模式：柔光；填充颜色#ffffff；不透明度为50%；角度：90，去选"使用全局光"选项；距离：1像素；扩展：0%；大小：0像素，如图5.5.22所示。

图 5.5.22

（23）将"闹钟"的图层混合模式设为"强光"，效果如下，如图 5.5.23 所示。

图 5.5.23

（24）新建文字图层，键入文字内容，填充颜色 #4e1b00，双击图层面板，执行【内阴影】命令，混合模式：叠加；填充颜色 #000000；不透明度为 75%；角度：90，去选"使用全局光"选项；距离：1 像素；扩展：0%；大小：1 像素，如图 5.5.24 所示。

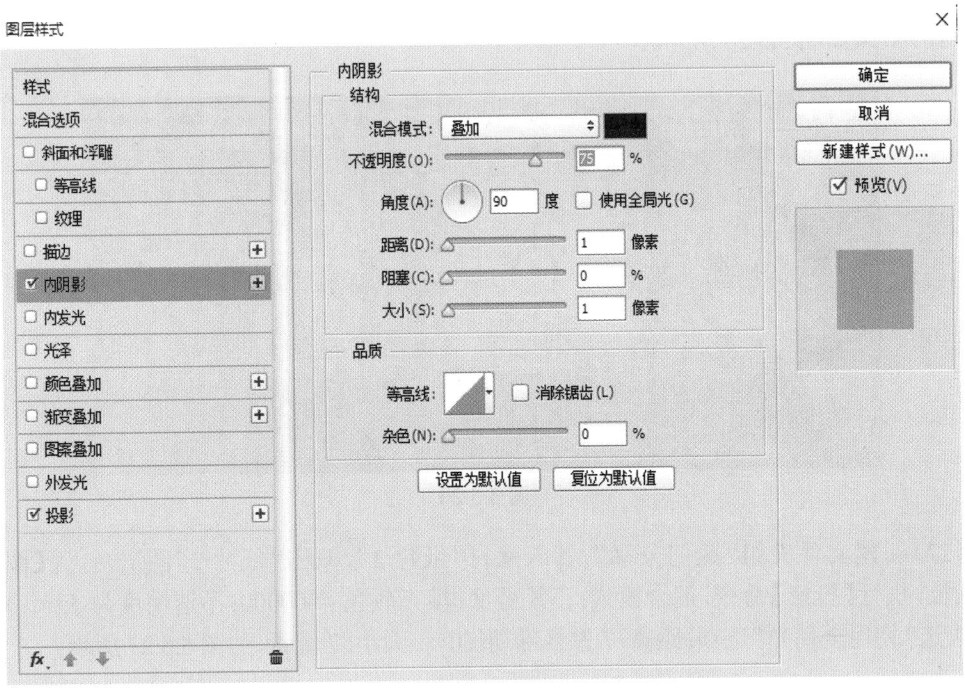

图 5.5.24

（25）继续执行【投影】命令，混合模式：柔光；填充颜色 #ffffff；不透明度为 50%；角度：90，去选"使用全局光"选项；距离：1 像素；扩展：0%；大小：0 像素，如图 5.5.25 所示。

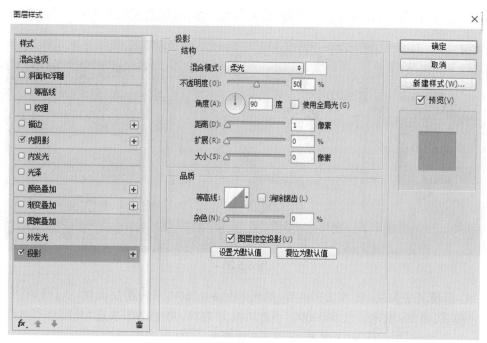

图 5.5.25

（26）效果如图 5.5.26 所示。

图 5.5.26

（27）新建文件夹组"热门分享"，置入素材"纸片 2"，双击"纸片 2"图层，打开【图层样式】面板，执行【投影】命令，混合模式：正片叠底；填充颜色 #000000；不透明度为 59%；角度：129，去选"使用全局光"选项；距离：7 像素；扩展：0%；大小：7 像素，如图 5.5.27 所示。

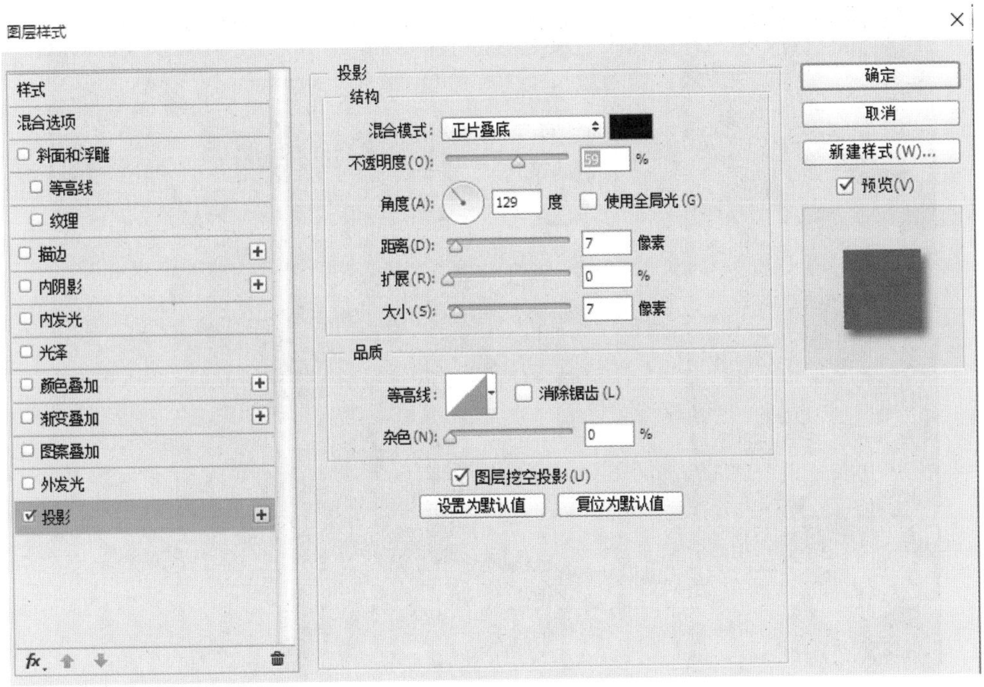

图 5.5.27

（28）效果如图 5.5.28 所示。

图 5.5.28

（29）按照上述介绍过的操作制作"图钉"，效果如图 5.5.29 所示。

图 5.5.29

　　（30）置入素材"分享"，双击图层，打开【图层样式】面板，执行【投影】命令，混合模式：叠加；填充颜色 #000000；不透明度为 75%；角度：90，去选"使用全局光"选项；距离：1 像素；扩展：0%；大小：1 像素，如图 5.5.30 所示。

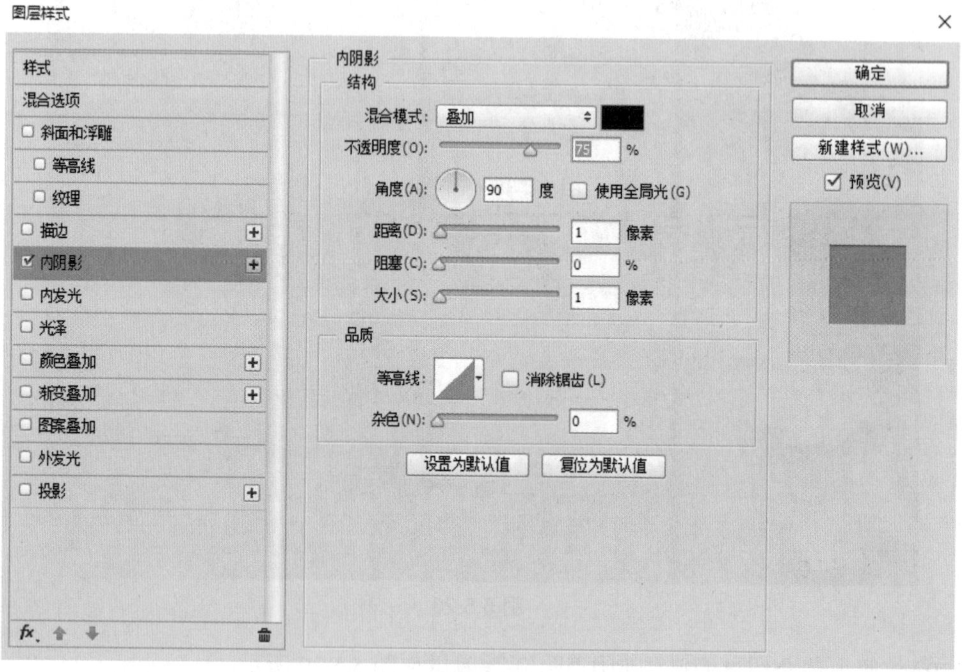

图 5.5.30

（31）执行【投影】命令，混合模式：柔光；填充颜色 #ffffff；不透明度为 50%；角度：90，去选"使用全局光"选项；距离：1 像素；扩展：0%；大小：0 像素，如图 5.5.31 所示。

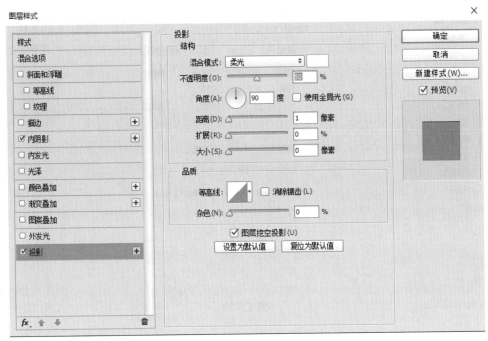

图 5.5.31

（32）效果如图 5.5.32 所示。

图 5.5.32

（33）新建文字图层，键入文本内容，填充颜色 #4e1b00，双击图层面板，执行【内阴影】命令，混合模式：叠加；填充颜色 #000000；不透明度为 75%；角度：90，去选"使用全局光"选项；距离：1 像素；扩展：0%；大小：1 像素，如图 5.5.33 所示。

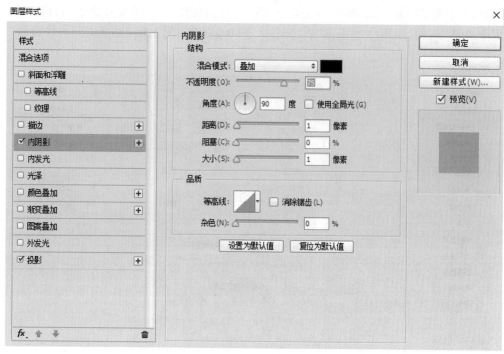

图 5.5.33

（34）继续执行【投影】命令，混合模式：柔光；填充颜色 #ffffff；不透明度为 50%；角度：90，去选"使用全局光"选项；距离：1 像素；扩展：0%；大小：0 像素，如图 5.5.34 所示。

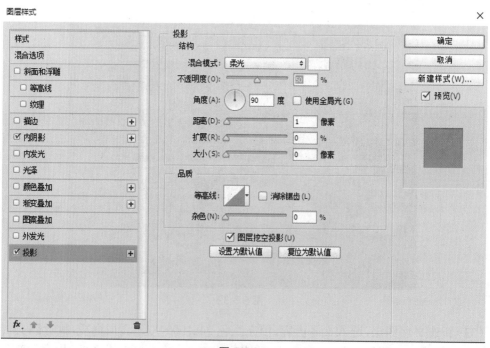

图 5.5.34

（35）效果如图 5.5.35 所示。

图 5.5.35

（36）按照文件夹组"热门分享"的制作方法完成剩余导航图标，效果如图 5.5.36 所示。

图 5.5.36

（37）新建文件夹组"项目"，在文件夹组内创建文字图层，键入标签内容，双击图层面板，执行【内阴影】命令，混合模式：叠加；填充颜色 #000000；不透明度为 100%；角度：90，去选"使用全局光"选项；距离：2 像素；扩展：0%；大小：5 像素，如图 5.5.37 所示。

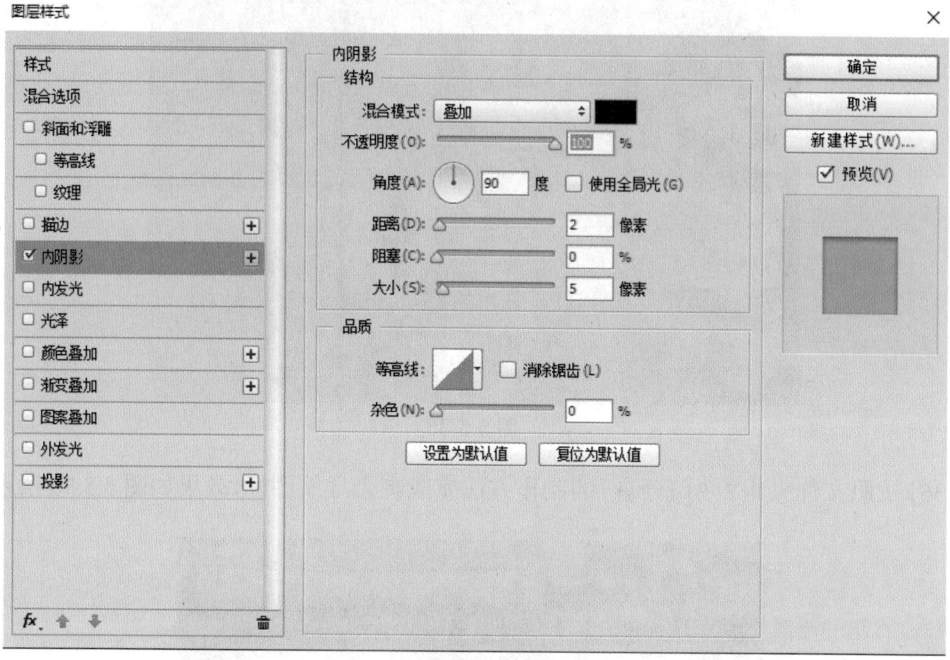

图 5.5.37

（38）继续执行【投影】命令，混合模式：柔光；填充颜色 #ffffff；不透明度为 73%；角度：90，去选"使用全局光"选项；距离：1 像素；扩展：0%；大小：0 像素，如图 5.5.38 所示。

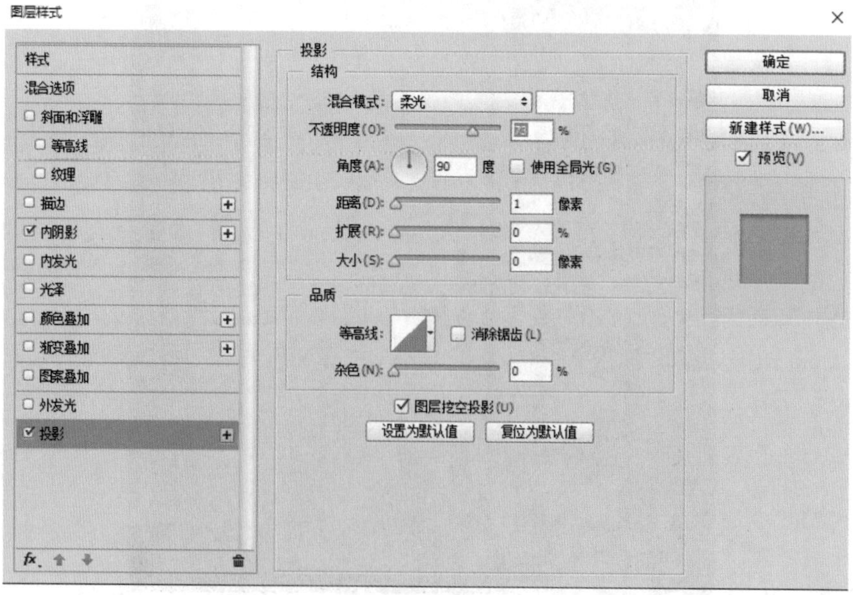

图 5.5.38

（39）将图层不透明度修改为 80％, 效果如下, 如图 5.5.39 所示。

图 5.5.39

（40）置入素材"绳子", 并将"图层混合模式"设置为"正片叠底", 如图 5.5.40 所示。

图 5.5.40

（41）在文件夹组"项目"中新建子文件夹组"版块 1", 新建文字图层, 键入文本内容, 填充颜色 #4e1b00, 如图 5.5.41 所示。

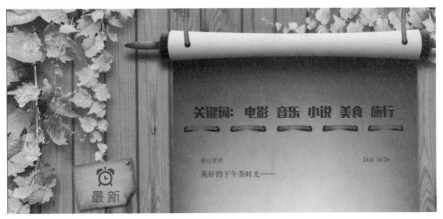

图 5.5.41

（42）用【矩形工具】█️创建宽度 440 像素, 高度 376 像素的矩形, 如图 5.5.42 所示。

图 5.5.42

（43）置入素材"美食"于矩形图层上方，点击鼠标右键执行【创建剪贴蒙版】，如图 5.5.43 所示。

图 5.5.43

（44）在文件夹组"项目"中新建子文件夹组"分享"，置入素材"图标 1"，双击图层面板，执行【内阴影】命令，混合模式：叠加；填充颜色 #000000；不透明度为 75%；角度：90，去选"使用全局光"选项；距离：1 像素；扩展：0%；大小：1 像素，如图 5.5.44 所示。

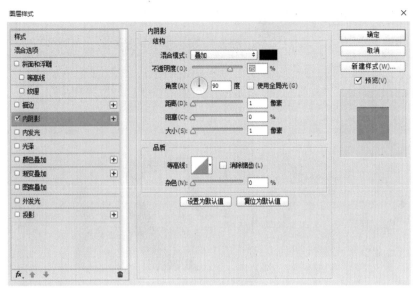

图 5.5.44

（45）继续执行【投影】命令，混合模式：柔光；填充颜色 #ffffff；不透明度为 50%；角度：90，去选"使用全局光"选项；距离：1 像素；扩展：0%；大小：0 像素，如图 5.5.45 所示。

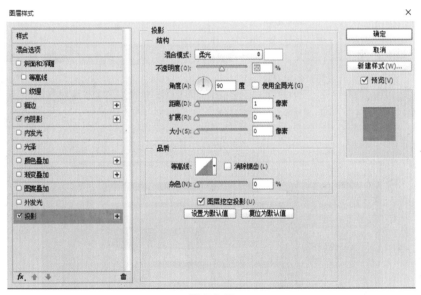

图 5.5.45

（46）新建文字图层，键入文本内容，填充颜色 #4e1b00，效果如图 5.5.46 所示。

图 5.5.46

（47）按照上述介绍过的方法，制作其他标签按钮，并在标签之间添加线段进行区隔，效果如图 5.5.47 所示。

图 5.5.47

（48）置入素材"底纹"，双击图层面板，执行【内阴影】命令，混合模式：叠加；填充颜色

#000000；不透明度为 75％；角度：90，去选"使用全局光"选项；距离：1 像素；扩展：0％；大小：1
像素。继续执行【投影】命令，混合模式：柔光；填充颜色 #ffffff；不透明度为 50％；角度：90，去
选"使用全局光"选项；距离：1 像素；扩展：0％；大小：0 像素，效果如图 5.5.48 所示。

图 5.5.48

（49）参照"版块 1"的制作方法完成"版块 2"，效果如图 5.5.49 所示。

图 5.5.49

（50）新建文件夹组，命名为"LOGO"，置入素材"箱子"，双击图层面板，执行【投影】命令，混合模式：正片叠底；填充颜色 #000000；不透明度为 65%；角度：120，去选"使用全局光"选项；距离：15 像素；扩展：0%；大小：18 像素，如图 5.5.50 所示。

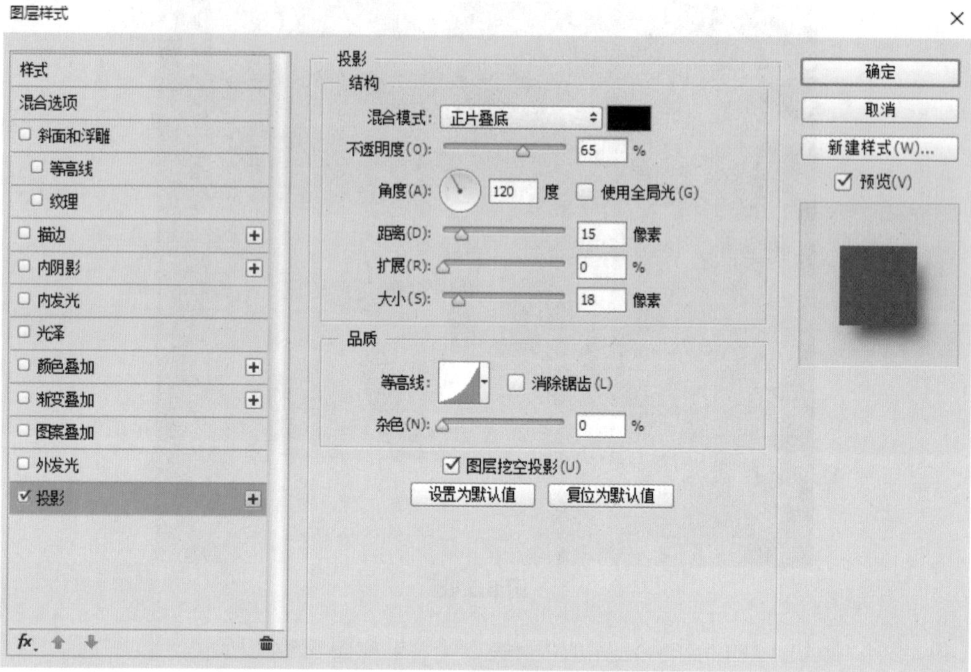

图 5.5.50

（51）效果如图 5.5.51 所示。

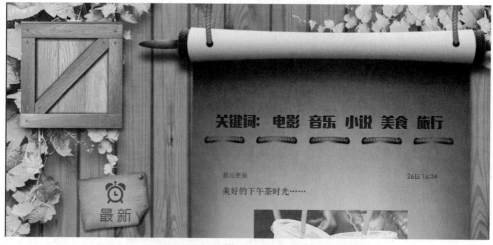

图 5.5.51

（52）创建文字图层，键入网站名称，并为文字添加描边，效果如图 5.5.52 所示。

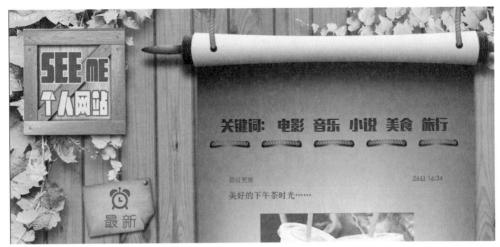

图 5.5.52

（53）网站完成后如图 5.3.2 所示。

本任务通过对个人网站界面设计的学习,了解了个人网站的概念,对个人网站的设计流程、设计原则有了初步了解,并且通过实践操作对个人网站界面的设计表现方法有进一步认知。

设计一款个人网站的首页界面,要求个人风格突出,版面布局生动有趣,色彩搭配协调统一。

项目六　iOS 系统 APP 界面设计

　　iOS 是由苹果公司为 iPhone 等设备开发的操作系统,它主要给 iPhone、iPod touch 以及
iPad 设备使用,它管理设备硬件并为手机本地应用程序的实现提供基础技术。通过 APP 界面
设计,学习 iOS 系统的相关知识,了解此系统 APP 的设计规范。在任务实现过程中:
- 了解 iOS 系统的设计原则。
- 理解 iPhone 常见的屏幕及控件尺寸。
- 理解 iPhone 界面基本组成元素。
- 通过实践掌握 iOS 系统 APP 界面的设计表现方法。

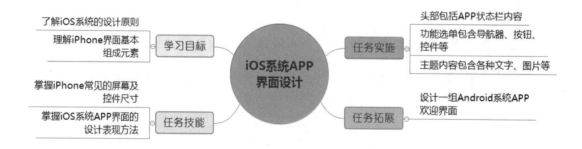

【情境导入】

　　继计算机、互联网后,移动互联网已成为 IT 业的第三次浪潮向人们袭来。随着移动 3G 网
络的成熟与推广,以及移动设备硬件技术的发展,各种移动终端用户群体有了显著增加。移动
设备作为一种新的媒介,在人类生活中开始扮演着重要的角色。APP 作为移动设备功能的扩
展,开始受到越来越多用户的关注,甚至有将移动互联网 APP 化的趋势。2015 年开发者大会,

苹果 CEO 库克在大会上介绍苹果 APP 下载量已经突破 1000 亿次。苹果 APP Store 每秒有 850 个应用被下载，平均每个用户有 119 个应用。苹果 APP Store 商店已有 19 万教育应用，98% 的财富 500 强企业拥有 iOS 应用。

　　APP 设计随着移动互联网快速发展，出现人才需求井喷，而薪资水平也是在不断的提升，对 APP 设计师的技术水平也提出了更高的要求。APP 界面设计不是单纯的平面设计，它需要定位使用者、使用环境、使用方式并且为最终用户而设计。检验一个界面好坏与否的标准不是某个项目开发组领导的意见也不是项目成员投票的结果，而是最终用户的感受。本次任务主要是实现基于 iOS 系统的 APP 用户注册及个人主页的界面设计。

【功能描述】

- 头部包括 APP 状态栏内容。
- 功能选单包含导航器、按钮、控件等。
- 主题内容包含各种文字、图片等。

【基本框架】

本案例最终效果如图 6.3.1 和图 6.3.2 所示。

图 6.3.1　　　　　　　　　　　　　图 6.3.2

技能点 1　iOS 系统的设计原则

1　以内容为核心

好的界面设计能够更好地帮助用户理解内容并与之互动,但却不会分散用户对内容本身的注意力,避免用户被无意义的元素所干扰,使用户在有限的屏幕范围聚焦内容。

2　保证清晰度

在 APP 的界面中,各种大小的文字应该易于用户阅读,图标应该醒目,色彩搭配要协调统一,去除多余的修饰以突出重点。

3　追求高效性

交互产品的高效性决定了它的成功与否,减少用户等候时间,快速稳定的的操作环境是吸引客户的关键重要因素。视觉的层次和生动的交互动作会赋予界面新的活力,不但帮助用户更好地理解新界面的操作并让用户在使用过程中感到惊喜。

4　重视反馈

移动交互产品的及时反馈,可以使用户的操作流程具有指导性,可以使设计师有效提炼普适性的设计原则,以便帮助已有产品发现体验问题,帮助新产品提前规避问题,并提供设计方案的参考。

5　用户体验

想要给用户一个良好的使用体验,用户的浏览体验就不得不提。浏览体验是用户体验最直观的表现,也是第一步。提及浏览体验,基本的要求就是界面的整体布局不可以太混乱,整体布局要突出重点,分清主次。

技能点 2　iPhone 常见的屏幕及控件尺寸

iOS 系统的英文全称是 iPhone Operation System, iPhone 的屏幕与控件尺寸、图标尺寸如图 6.4.1 至图 6.4.3 所示。

（1）iPhone 界面设计规范，如图 6.4.1 所示。

手机型号	iPhone 4/4S	iPhone 5/5C/5S	iPhone 6/6S/7	iPhone 6P/6SS/7P
分辨率	640x960 px	640x1136 px	750x1334 px	1242x2208 px
倍率	@2X	@2X	@2X	@3X
逻辑分辨率	320x480pt	320x568pt	375x667pt	414x736 pt
物理尺寸	640x960 px	640x1136 px	750x1334 px	1080x1920 px
屏幕密度	326 PPI	326 PPI	326 PPI	401 PPI
DPI	163	163	163	154

图 6.4.1

（2）iPhone 界面尺寸，如图 6.4.2 所示。

设备	分辨率	PPI	状态栏高度	导航栏高度	标签栏高度
iPhone 6P/6SP/7P	1242x2208 px	401PPI	60 px	132 px	146 px
iPhone 6/6S/7	750x1334 px	326PPI	40 px	88 px	98 px
iPhone 5/5C/5S	640x1136 px	326PPI	40 px	88 px	98 px
iPhone 4/4S	640x960 px	326PPI	40 px	88 px	98 px
iPhone 1/2/3代	320x480 px	163PPI	20 px	44 px	49 px

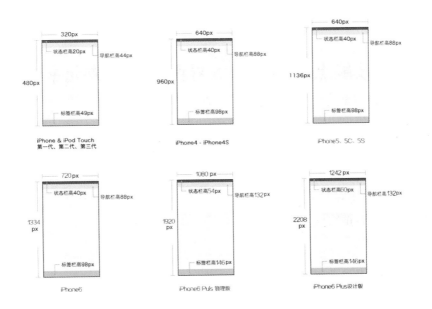

图 6.4.2

（3）iPhone 图标尺寸，如图 6.4.3 所示。

设备	APP store	主屏幕	Spotlight搜索	标签栏	工具栏和导航栏
iPhone 6P/6SP/7P	1024x1024px	114x114px	87x87px	75x75px	66x66px
iPhone 6/6S/7	1024x1024px	114x114px	58x58px	75x75px	44x44px
iPhone 5/5C/5S	1024x1024px	114x114px	58x58px	75x75px	44x44px
iPhone 4/4S	1024x1024px	114x114px	58x58px	75x75px	44x44px
iPhone 1/2/3代	1024x1024px	57x57px	29x29px	38x38px	30x30px

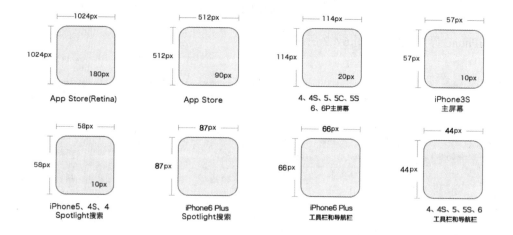

图 6.4.3

技能点 3　iPhone 界面基本组成元素

iPhone 的 APP 界面一般由状态栏（status bar）、导航栏（navigation）、工具栏（Toolbar）、搜索栏（Search Bar）、标签栏（Tab Bar）以及内容区域（content）组成。

（1）状态栏（Status Bar）

状态栏包含基本系统信息，例如当前事件、时间、电池状态及其他更多信息。视觉上状态栏是和导航栏相连的，都使用一样的背景填充，如图 6.4.4 所示。

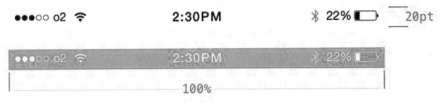

图 6.4.4

（2）导航栏（Navigation Bar）

导航栏包含了一些控件，用来在应用里不同的视图中导航，以及管理当前视图中的内容。导航栏总在屏幕的顶部，状态栏的正下方。默认的，导航栏背景会进行轻微半透明处理，以及对下面的内容进行毛玻璃般的模糊处理。背景可以填充纯色、渐变颜色，或者是自定义位图，如图 6.4.5 所示。

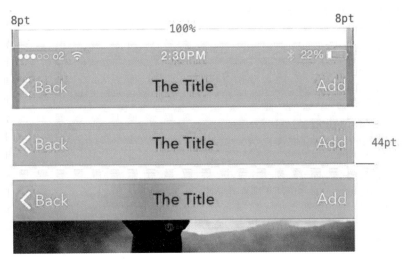

图 6.4.5

导航栏元素总是按照特定的对齐方式。

- 返回按钮总是在左端左对齐。
- 当前视图的标题则在 Bar 上居中。
- 动作按钮则总是右端对齐。而且应该不要超过一个主要动作，以防误点，以及连续操作可以更简单些。

（3）工具栏（Toolbar）

工具栏包含一些管理、控制当前视图内容的动作。iPhone 上，工具栏将永远在屏幕底部边缘，而在 iPad 上，其可以在屏幕顶部出现。和导航栏一样，其背景填充也可以自定义，默认是半透明效果以及模糊处理遮住的内容。工具栏通常用于超过 3 个主动作的特定视图，否则很难适应而且外观会看起来很混乱。如图 6.4.6 所示。

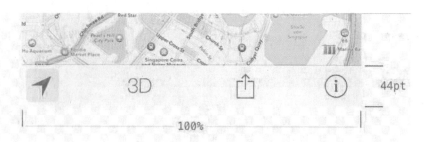

图 6.4.6

（4）搜索栏（Search Bar）

只要用户没有输入文本，搜索框内将显示提示文本，一旦输入搜索项目，提示文本就会消失，而一个清空输入信息的按钮将出现在右端。搜索栏分为无文字提示和有文字提示版，有文字提示的搜索栏会看到一段提醒文本——用简短的句子介绍搜索功能。例如，"输入一个城市、邮编或机场。"如下图所示，上方为无文字提醒版，下方为有文字提醒版，如图 6.4.7 所示。

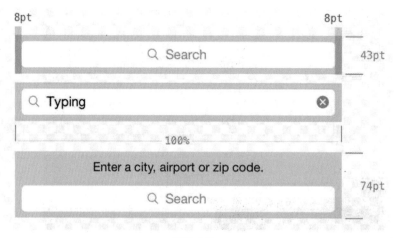

图 6.4.7

（5）标签栏（Tab Bar）

标签栏常用于快速切换应用上的独立视图，通常位置在屏幕底部。标签栏仅可以拥有固定的最大标签数。一旦数目超过最大数目，则最后一个选项卡将会以"更多标签"代替，其余标签以列表形式隐藏于此，iPhone 上最大选项卡数目是 5 个，而 iPad 上则可以显示多达 7 个而无需"更多"标签。另外，通知用户在一个新视图上有新消息，通常会在标签栏按钮上显示一个数字徽标。如图 6.4.8 所示。

图 6.4.8

（6）iOS 系统文字规范

从苹果 iOS9 开始，iPhone 系统启用的是苹方字体系列，为了加强层次关系苹方系列从细到粗有着不同的样式。如图 6.4.9 所示。

系统	英文字体	中文字体	设计字号	最小限制
iOS 9	San Francisco	苹方	偶数	英文 18 px / 中文 22 px
iOS 8	Helvetica	Heiti SC	偶数	英文 18 px / 中文 22 px

果果果果果果

1. 设计稿标准文字

文字选用"苹方（PingFang SC Light）"标题可加粗选用"苹方 粗体"

2. 文字搭配

一般用 4 和 6 的梯度搭配，例如：一般文字 30px 标题搭配 26px 详情，带头列表 30px 标题搭配 22px 辅助信息

3. 详情页标题文字与详情文字间距

间距为 8 的倍数，例如：24px、32px、40px 等

4. 行间距设定

行间距与字号比例为 1.5 倍

5. 对齐原则

段落文字采用"两端对齐左对齐"，避头尾为"严格"，首行严禁放置标点

图 6.4.9

通过下面的操作，实现图 6.3.1 和图 6.3.2 所示的 iOS 系统 APP 界面的效果。

（1）打开 Photoshop 软件，单击【文件】→【新建】命令或按"Ctrl+N"快捷键，新建一个名为"iOS 系统 APP 界面 1"的 RGB 模式，"宽度"和"高度"分别为 750 像素和 1334 像素，"分辨率"为 72 像素 / 英寸、"背景内容"为"白色"的文件。如图 6.5.1 所示。

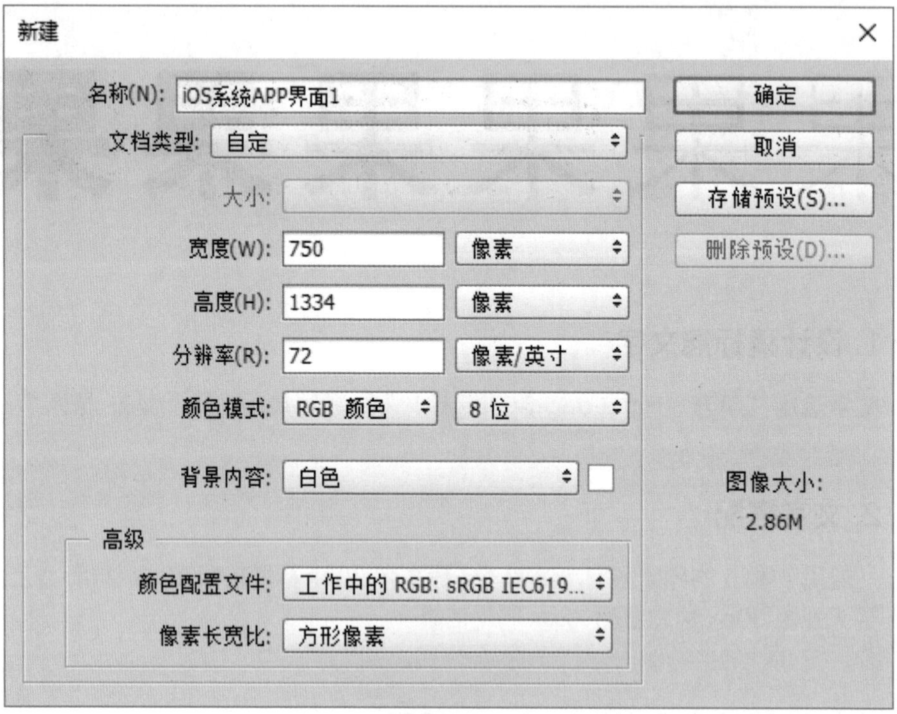

图 6.5.1

（2）新建一个文件夹组，命名为"背景"，执行快捷键 Ctrl+R，打开【标尺】，在画面两边各拉出一条距离左右边缘 50 像素的参考线，再拉出一条居中画面的参考线。在组内用【矩形工具】■ 创建宽度 750 像素，高度 490 像素，填充颜色 #ffffff 的矩形置于画面最上方，并且将图层命名为"矩形 1"，如图 6.5.2 所示。

（3）双击矩形图层打开【图层样式】面板，执行【渐变叠加】命令，混合模式：正片叠底；不透明度为 100%；渐变色标从左到右依次为：#ff2d55、#d500f9；角度 90 度，如图 6.5.3 所示。

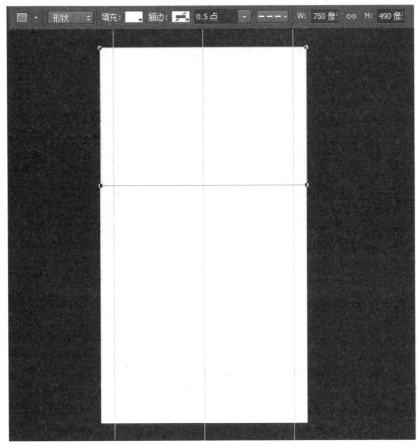

图 6.5.2

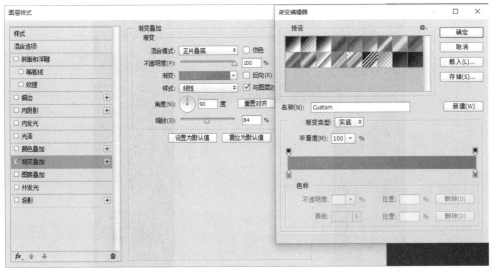

图 6.5.3

（4）效果如图 6.5.4 所示。

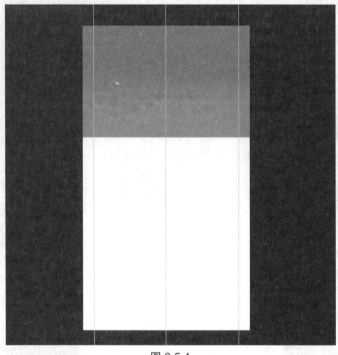

图 6.5.4

（5）置入素材"风景"于矩形 1 上方，选择该图层点击鼠标右键执行【创建剪贴蒙版】命令，如图 6.5.5 所示。

图 6.5.5

（6）用【文字工具】 $\boxed{\text{T}}$ 制作切换图标，左起第一个圆点填充颜色 #263238，其余三个圆点填充颜色 #a6c1cb，如图 6.5.6 所示。

图 6.5.6

（7）置入素材"logo"，创建文字图层，键入文本，填充颜色 #ffffff，效果如图 6.5.7 所示。

图 6.5.7

（8）新建一个文件夹组，命名为"状态栏"，用【椭圆工具】 ⬭ 创建通讯信号，填充颜色 #ffffff，效果如图 6.5.8 所示。

图 6.5.8

（9）置入素材"wifi""蓝牙"和"电量"，创建文字图层，键入文本，填充颜色 #ffffff，效果如图 6.5.9 所示。

图 6.5.9

（10）新建一个文件夹组，命名为"注册"，用【直线工具】 ✏️ 创建宽度 650 像素，高度 1 像素，填充颜色 #858687 的直线，复制三条，其间距保持在 104 像素，效果如图 6.5.10 所示。

图 6.5.10

（11）创建文字图层，键入文本，填充颜色 #263238，效果如图 6.5.11 所示。

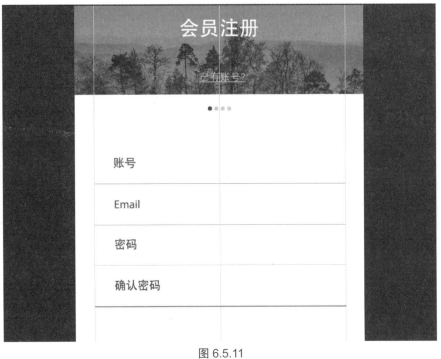

图 6.5.11

（12）新建一个文件夹组，命名为"按钮"，用【圆角矩形工具】■创建宽度 446 像素，高度 94 像素，圆角半径 47 像素的圆角矩形，填充颜色"无"，描边颜色 #616161，描边大小 1 点，效果如图 6.5.12 所示。

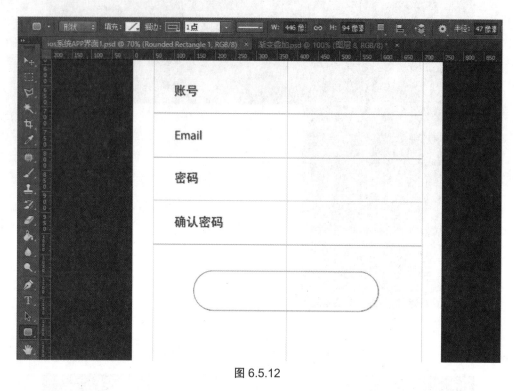

图 6.5.12

（13）创建文字图层，键入文本，填充颜色 #263238，效果如图 6.5.13 所示。

图 6.5.13

（14）创建文字图层，键入文本，填充颜色 #263238、#ff2c58。APP 会员注册界面制作完成，效果如图 6.5.14 所示。

图 6.5.14

（15）单击【文件】→【新建】命令或按 Ctrl+N 快捷键，新建一个名为"iOS 系统 APP 界面
2"的 RGB 模式，"宽度"和"高度"分别为 750 像素和 1334 像素，"分辨率"为 72 像素 / 英寸、
"背景内容"为"白色"的文件。如图 6.5.15 所示。

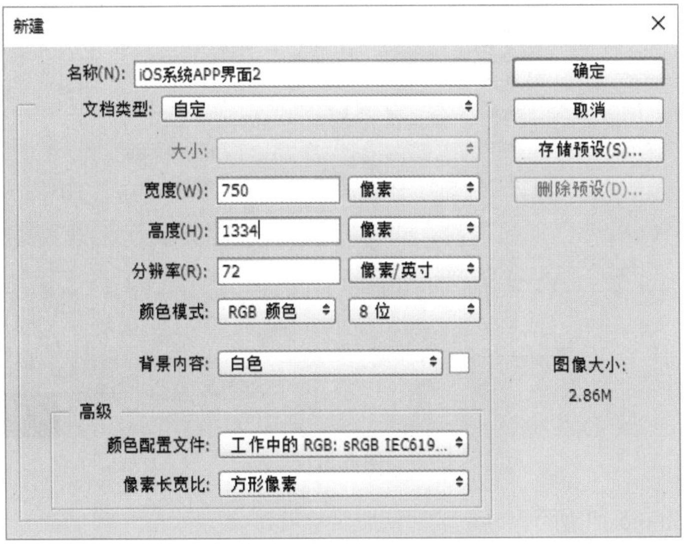

图 6.5.15

（16）新建一个文件夹组，命名为"背景"，执行快捷键 Ctrl+R，打开【标尺】，在画面两边各拉出一条距离左右边缘 50 像素的参考线，再拉出一条居中画面的参考线。在组内用【矩形工具】■，创建宽度 750 像素，高度 622 像素，填充颜色 #ffffff 的矩形置于画面最上方，并且将图层命名为"矩形 1"，如图 6.5.16 所示。

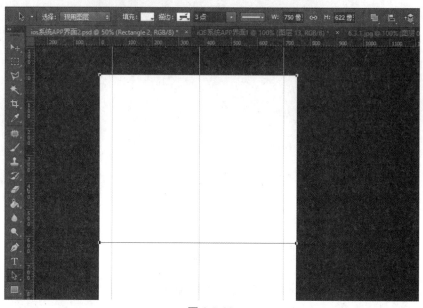

图 6.5.16

（17）双击矩形图层打开【图层样式】面板，执行【渐变叠加】命令，混合模式：正常；不透明度为 80%；渐变色标从左到右依次为：#f50057、#6a1b9a；角度 90 度，如图 6.5.17 所示。

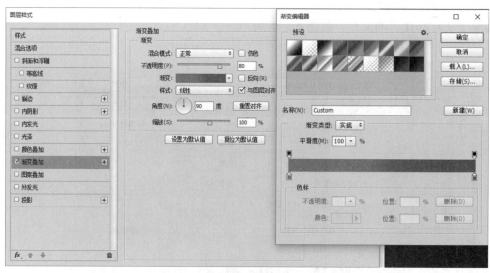

图 6.5.17

（18）效果如图 6.5.18 所示。

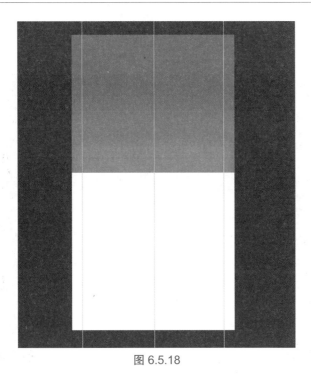

图 6.5.18

（19）置入素材"风景 2"于矩形 1 上方，选择该图层点击鼠标右键执行【创建剪贴蒙版】命令，如图 6.5.19 所示。

图 6.5.19

（20）新建一个文件夹组，命名为"状态栏"，按照"ios 系统 APP 界面 1"中介绍的方法制作"状态栏"组的内容，效果如图 6.5.20 所示。

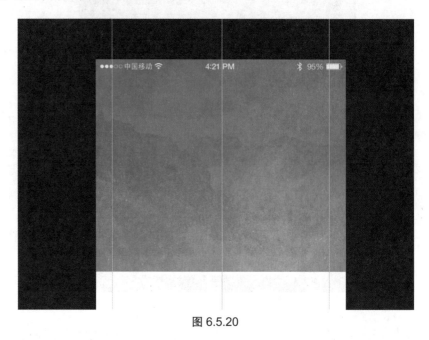

图 6.5.20

（21）新建一个文件夹组，命名为"用户面板"，用【直线工具】 ╱ 创建三条填充颜色 #ffffff 的直线；置入素材"标记笔"；创建文字图层，键入用户名称，填充颜色 #ffffff, 效果如图 6.5.21 所示。

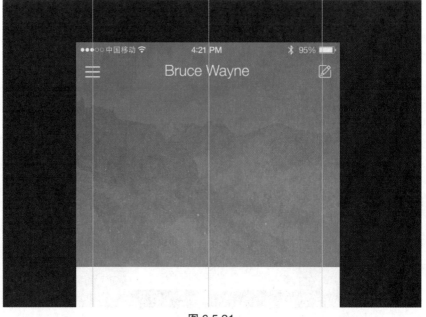

图 6.5.21

（22）用【椭圆工具】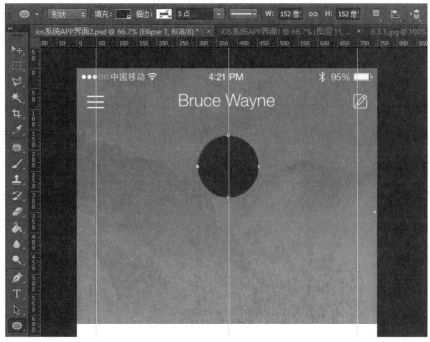创建宽度 152 像素，高度 152 像素的正圆，如图 6.5.22 所示。

图 6.5.22

（23）双击椭圆图层打开【图层样式】面板，执行【描边】命令，设置描边大小为 5 像素；位置：内部；填充颜色为 #ffffff，如图 6.5.23 所示。

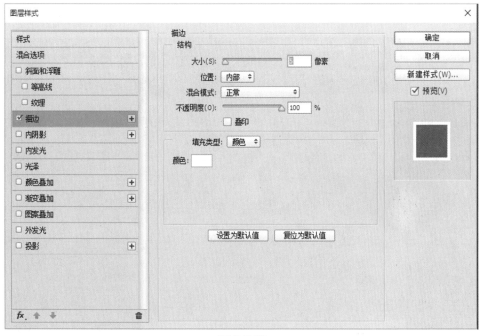

图 6.5.23

（24）置入素材“头像”，选择该图层点击鼠标右键执行【创建剪贴蒙版】命令，效果如图 6.5.24 所示。

图 6.5.24

（25）用【圆角矩形工具】 创建宽度 312 像素，高度 94 像素，圆角半径 10 像素的圆角矩形，填充颜色“无”，描边颜色 #ffffff，描边大小 1 点，效果如图 6.5.25 所示。

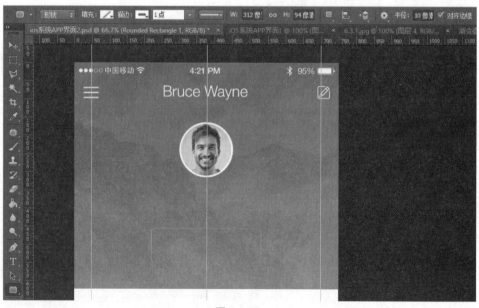

图 6.5.25

（26）新建文字图层，键入文本内容，填充颜色 #ffffff，效果如图 6.5.26 所示。

图 6.5.26

（27）新建一个文件夹组，命名为"列表"，新建文字图层，键入文本内容，填充颜色 #263238，效果如图 6.5.27 所示。

图 6.5.27

（28）用【矩形工具】▇ 创建宽度 250 像素，高度 5 像素，填充颜色 #263238 的矩形，如图 6.3.28 所示。

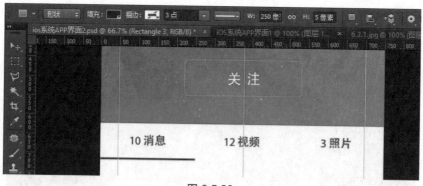

图 6.5.28

（29）用【矩形工具】■ 创建宽度 750 像素，高度 95 像素，填充颜色 #ffffff 的矩形，如图 6.5.29 所示。

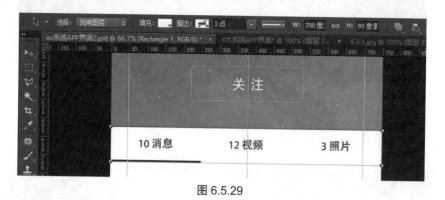

图 6.5.29

（30）双击该图层打开【图层样式】面板，执行【描边】命令，设置描边大小为 1 像素；位置：内部；填充颜色为 #bdbcbc，如图 6.5.30 所示。

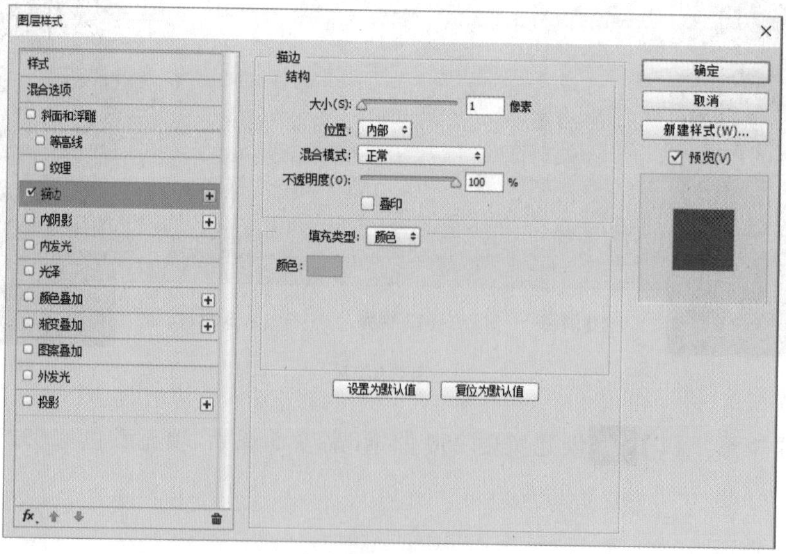

图 6.5.30

（31）效果如图 6.5.31 所示。

图 6.5.31

（32）用【椭圆工具】■○创建宽度 24 像素,高度 24 像素的正圆,填充颜色 #ffffff,双击该图层打开【图层样式】面板,执行【描边】命令,设置描边大小为 4 像素;位置:外部;填充颜色为 #ff2d55,如图 6.5.32 所示。

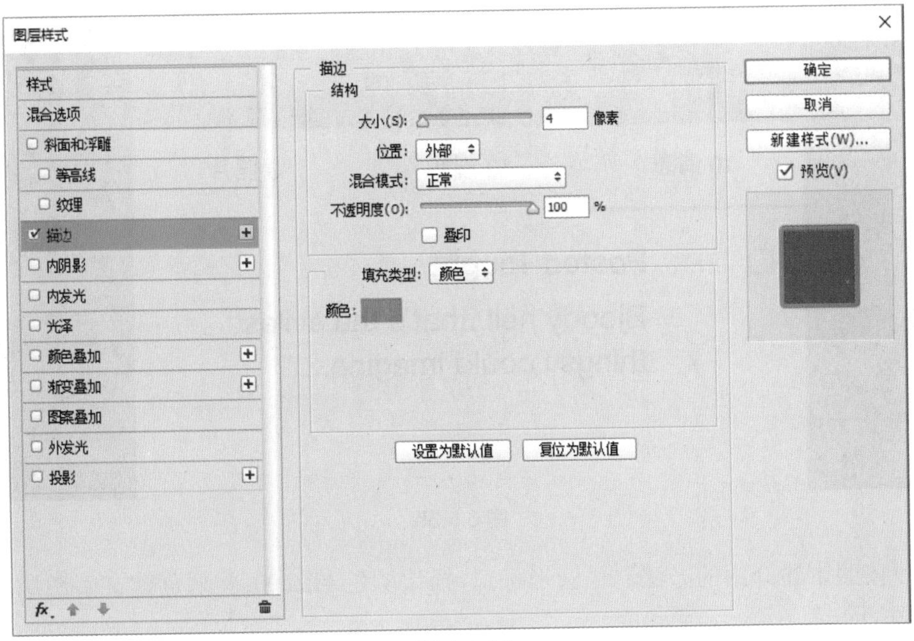

图 6.5.32

（33）效果如图 6.5.33 所示。

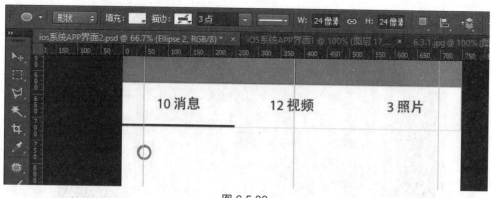

图 6.5.33

（34）创建文字图层，键入文本，填充颜色 #bdbdbd，效果如图 6.5.34 所示。

图 6.5.34

（35）继续创建文字图层，键入文本，填充颜色 #263238，效果如图 6.5.35 所示。

图 6.5.35

（36）按照上述介绍的方法制作圆形标记，描边颜色 #ffcc00；然后创建文字图层，效果如图 6.5.36 所示。

图 6.5.36

（37）用【圆角矩形工具】创建两个宽度 238 像素，高度 166 像素，圆角半径 10 像素的圆角矩形，效果如图 6.5.37 所示。

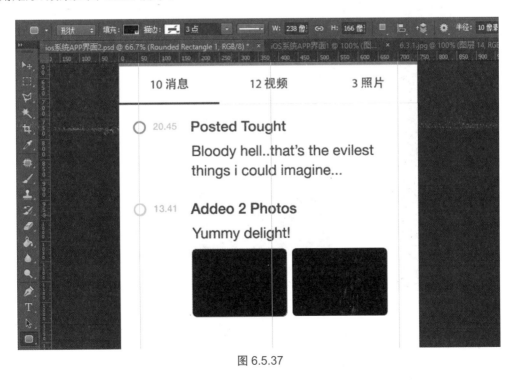

图 6.5.37

（38）分别在这两个圆角矩形图层上方置入素材"美食1"、"美食2"，依次选择置入素材图层，点击鼠标右键执行【创建剪贴蒙版】命令，效果如图6.5.38所示。

图6.3.38

（39）按照上述介绍的方法制作圆形标记，描边颜色#007aff；然后创建文字图层，效果如图6.5.39所示。

图6.5.39

（40）APP用户主页制作完成，效果如图6.3.1和图6.3.2所示。

本任务通过对 iOS 系统 APP 界面设计的学习，对 iOS 系统的设计原则、iPhone 常见的屏尺寸和 iPhone 界面基本组成元素有了初步了解，并且通过实践操作对 iOS 系统 APP 界面的设表现方法有进一步认知。

Android 屏幕与图标尺寸规范：

1 屏幕

屏幕分辨率	dpi	像素倍数	Image size (pixels)
mdpi	160	@1x	100×100
hdpi	240	@1.5x	150×150
xhdpi	320	@2x	200×200
xxhdpi	480	@3x	300×300
xxxhdpi	640	@4x	400×400

2 图标

屏幕大小	App	操作栏图标	上下文图标情境图标	系统通知图标	最细笔画
mdpi	48×48 px	32×32 px	16×16 px	24×24 px	不小于2 px
hdpi	72×72 px	48×48 px	24×24 px	36×36 px	不小于3 px
xhdpi 720×1280	48×48 dp 96×96 px	32×32 dp 64×64 px	16×16 dp 32×32 px	24×24 dp 48×48 px	不小于2 dp 不小于4 px
xxhdpi 1080×1920	144×144 px	96×96 px	48×48 px	72×72 px	不小于6 px
xxxhdpi	192×192 px	128×128 px	64×64 px	96×96 px	不小于8 px

Android 字体规范：

● 中文字体：
droid sana fallback（谷歌字体）
方正兰亭黑体
方正黑体简体 （注意版权问题）
微软雅黑
思源黑体

● 英文字体：
droid sana fallback
Roboto

设计一组基于 Android 系统的 APP 欢迎界面，要求布局合理，内容清晰，风格美观大方，色调协调统一。